机械制造基础技能实训

主　编　宋金波　章继涛　王　芳
副主编　唐　华　宋平生　李　超

U0334384

合肥工业大学出版社

内容提要

本书是根据教育部基础课程教学指导委员会颁发的"高等工业学校金工实习教学基本要求",结合作者多年金工实习教学经验,经结构优化、整合而成的一本机械类实习教材。

全书采用模块化教学,按照任务驱动教学模式编排各个实训教学项目,主要内容包括工程材料及热处理、车削、铣削、磨削、刨削、钳工、锻压、铸造、焊接、常用量具及公差检测、特种加工技术等,每项实训任务后均附有思考题或参考零件图,供使用者加强实践操作练习。

本书适用于高等工业学校机械类、近机械类各专业金工实习教学,还可供有关工程技术人员参考使用。

图书在版编目(CIP)数据

机械制造基础技能实训/宋金波,章继涛,王芳主编 . —合肥:合肥工业大学出版社,2017.1

ISBN 978 - 7 - 5650 - 3231 - 8

Ⅰ.①机…　Ⅱ.①宋…②章…③王　Ⅲ.①机械制造—高等学校—教材　Ⅳ.①TH

中国版本图书馆 CIP 数据核字(2017)第 009077 号

机械制造基础技能实训

宋金波　章继涛　王　芳　主编　　　　　　　责任编辑　马成勋

出　版	合肥工业大学出版社	版　次	2017 年 1 月第 1 版
地　址	合肥市屯溪路 193 号	印　次	2017 年 1 月第 1 次印刷
邮　编	230009	开　本	787 毫米×1092 毫米　1/16
电　话	理工编辑部:0551—62903200	印　张	16
	市场营销部:0551—62903198	字　数	370 千字
网　址	www.hfutpress.com.cn	印　刷	安徽昶颉包装印务有限责任公司
E-mail	hfutpress@163.com	发　行	全国新华书店

ISBN 978 - 7 - 5650 - 3231 - 8　　　　　定价: 35.00 元

如果有影响阅读的印装质量问题,请与出版社市场营销部联系调换。

前　言

本书是根据教育部基础课程教学指导委员会颁发的"高等工业学校金工实习教学基本要求",结合作者多年金工实习教学经验,经结构优化、整合而成的一本机械类实习教材。

本书适用于高等工业学校机械类、近机械类各专业的本科、专科的金工实习教材,还可供有关工程技术人员参考使用。

全书共分 11 章,主要内容包括工程材料及热处理、铸工、锻工、焊工、车工、铣工、磨工、刨工及数控加工、特种加工等,每章均附有复习思考题。

本书的编写主要有以下特点:

◆坚持"少而精"的原则,做到内容必须够用,重点突出。

◆综合运用项目教学法、任务驱动式教学法,有效提高了学生实习实训积极性。

◆全书内容深入浅出,图文并茂,直观形象。

◆每项任务后面都附有规范的零件图可供学习者进行实操练习。

◆本书适合于高等学校机械类、近机械类专业金工实习教学使用。鉴于各院校实习条件和专业特点不一样,各校可根据不同专业需要,有针对性选择不同实习内容进行教学。

本书由宋金波、章继涛、王芳担任主编,唐华、宋平生、李超担任副主编。其中项目 1、2、3、7 由宋金波编写,项目 4、10 由王芳编写,项目 5、8、9 由唐华编写,项目 6 由李超编写,项目 11 由宋平生编写。全书由宋金波负责统稿、定稿,章继涛主审。

本书在编写过程中得到了南昌大学京玉海老师、江铃集团车桥齿轮有限公司总工程师吴春水高工等高校和企业专家的大力支持,此外李尊童、谢建华、刘虹、陈忠、张杰等老师对本书的编写也做了大量工作,编者参考了多种相关资料。在此,对所有参与编写工作的专家同行及参考文献的作者一并表示深深的感谢。

由于编者水平有限,时间亦十分仓促,书中难免出现错误与不妥之处,敬请读者批评指正。

编　者

2016 年 12 月

目 录

项目一　工程材料及热处理

实训目的与要求

(1)了解金属材料常用力学指标。

(2)了解生产中常用硬度测定方法的使用。

(3)了解常用工程材料的种类、牌号、性能和用途。

(4)熟悉生产中常用钢材的鉴别方法。

(5)了解常用热处理设备。

(6)掌握普通热处理方法的种类、目的及应用。

(7)了解热处理常见缺陷及其控制。

安全操作规程

1. 人身安全

(1)工人在生产操作之前,首先要熟悉热处理工艺规程和所要使用的设备。

(2)工人在进入操作岗位之前,必须按规定穿戴好个人劳动防护用品。

(3)使用油浴及各种硝盐浴要经常检查仪表指示和浴炉实际温度,严防超温起火。使用淬火冷却油槽不得使油超温或因局部过热引起火灾。

(4)进入浴炉的零件、工具和添加的盐、脱氧剂必须经过烘烤。

(5)硝盐炉、可控气氛炉、液体及气体燃料炉,应严格按各设备的安全操作规程进行操作。

(6)各种高压气瓶、火焰加工设备的使用和搬运应符合有关规定。

(7)无通气孔的中空件,不允许高温加热;有盲孔的工件在盐浴炉内加热时,孔口应向上,以防引起各种爆炸事故。

(8)生产过程中产生的各种废液应按规定处理;入炉抢修煤气总阀,戴好防毒面具,并有专人监护渗碳及碳氮共渗、氮碳共渗废气必须点燃;严禁在盐浴炉上烘烤食物;以防各类中毒事故的发生。

(9)打开各种火焰炉和可控气氛炉炉门时,不应站立在炉门的正面近距离内;由窥视孔观察炉膛时要保持一定距离;配制各种酸、碱溶液时,应当按规定的顺序加入;各种电气设备严禁带负荷拉合总闸,以防火焰、化学及电弧烧伤。

(10)所有电气设备、电气测温仪表,必须有可靠的绝缘及接地。电阻炉不得带电装卸零件;零件及工具不得与电热元件接触。高频设备工作时不得打开机门;接通高压后严禁人员到机后活动;检修及清洁机内元件必须先行放电,以防触电。

(11)使用砂轮机应站立在砂轮机的侧面。矫正工件时,应站立于适当的位置,防止工件折断崩出伤人。起重吊装工件应按起重吊装安全规定进行。正确堆放工件,以防砸伤。

2.设备安全

(1)使用液体及气体燃料炉,必须经常仔细地检查设备燃料管路及空气管路不得有泄漏现象。在操作时必须注意以下几点:

◆ 点火前先将烟道闸门开到适当位置。

◆ 开动风机,将燃料室内残留的可燃气体吹清,保持炉子良好的通风,以防点火时炉内余气爆炸。

◆ 点火时先开风门,然后慢慢地打开液体或气体燃料的阀门,防止火焰回击伤人。

◆ 停炉熄火时应先关闭燃料阀门,后关闭空气阀门。

(2)在电极式盐浴炉的电极上不得放置任何金属物品,以免变压器发生短路。

(3)硝盐浴中不得混入木炭、木屑、炭黑、油和其他有机物质,以免硝盐与炭结合形成爆炸性物质而引起爆炸事故。

(4)在进行镁合金的热处理时,应特别注意防止炉子"跑温"而引起镁合金燃烧。

项目知识点

任务一　材料的性能

在机械制造、交通运输、国防工业、石油化工和日常生活各个领域需要使用大量的工程材料。生产实践中,往往由于选材不当造成设备或器件达不到使用要求或过早失效,因此了解和熟悉材料的性能成为合理选材、充分发挥工程材料内在性能潜力的主要依据。

金属材料的性能分为使用性能和工艺性能。使用性能是指金属材料在使用过程中反映出来的特性,包括力学性能、物理性能和化学性能等,它决定金属材料的应用范围、安全可靠性和使用寿命。工艺性能是指材料对各种加工工艺适应的能力,它包括铸造性能、锻造性能、焊接性能、切削加工性能和热处理工艺性能等。

在选用金属和制造机械零件时,主要考虑力学性能和工艺性能。在某些特定条件下工作的零件,还要考虑物理性能和化学性能。

金属材料的使用性能见表1-1。

表 1-1　金属材料的使用性能

性能名称	性 能 内 容
物理性能	物理性能是金属材料对自然界各种物理现象,如密度、熔点、热膨胀性、导热性、导电性和磁性等;

（续表）

性能名称		性　能　内　容
化学性能		金属材料的化学性能主要是指在常温或高温时,抵抗各种活泼介质的化学侵蚀的能力,如耐酸性、耐碱性、抗氧化性等;
力学性能	强度	强度是指金属材料在静载荷作用下,抵抗塑性变形和断裂的能力,分为屈服点 σ_s、抗拉强度 σ_b、抗弯强度 σ_{bb}、抗剪强度 τ_b、抗压强度 σ_{bc} 等;
	硬度	硬度是指金属材料抵抗更硬的物体压入其内的能力,常用的硬度测定方法有布氏硬度(HBS、HBW)、洛氏硬度(HRA、HRB、HRC)和维氏硬度(HV);
	塑性	塑性是金属材料产生塑性变形而不被破坏的能力。通常用伸长率 δ 和断面收缩率 ψ 表示材料塑性的好坏;
	冲击韧性	冲击韧性是指金属材料在冲击载荷作用下,抵抗破坏的能力,用 a_k 表示;
	疲劳强度	疲劳强度是指金属材料经无数次循环载荷作用下而不致引起断裂的最大应力

任务二　材料的种类

　　工程上所用的各种金属材料、非金属材料和复合材料统称为工程材料。为了便于材料的生产、应用与管理,也为了便于材料的研究与开发,有必要对材料进行分类。

　　工程材料的分类见表1-2。

表1-2　工程材料的分类

金属材料		非金属材料			复合材料
黑色金属材料	有色金属材料	无机非金属材料	有机高分子材料		
碳素钢、合金钢、铸铁等	铝、铜、镁及其合金、轴承合金等	水泥、陶瓷、玻璃等	合成高分子材料(塑料、合成纤维、合成橡胶等)	天然高分子材料(木材、纸、纤维、皮革等)	金属基复合材料、塑料基复合材料、橡胶基复合材料、陶瓷基复合材料等

　　工程材料按照用途可分为两大类,即结构材料和功能材料。结构材料通常指工程上对硬度、强度、塑性及耐磨性等力学性能有一定要求的材料,主要包括金属材料、陶瓷材料、高分子材料及复合材料等。功能材料是指具有光、电、磁、热、声等功能和效应的材料,包括半导体材料、磁性材料、光学材料、电介质材料、超导体材料、非晶和微晶材料、形状记忆合金等。

1.2.1　金属材料

金属材料是人们最为熟悉的一种材料,在机械制造、交通运输、建筑、航天航空、国防与科学技术等各个领域中都需要使用大量的金属材料。因此,金属材料在现代工农业生产中占有极其重要的地位。

金属材料是由金属元素或以金属元素为主,其他金属或非金属元素为辅构成的,并具有金属特性的工程材料。金属材料的品种繁多,工程上常用的金属材料主要有黑色及有色金属材料等。

1. 碳素钢

碳素钢是指碳的质量分数小于 2.11% 并含有少量硅、锰、硫、磷等杂质元素所组成的铁碳合金,简称碳钢。其中锰、硅是有益元素,对钢有一定强化作用;硫、磷是有害元素,分别增加钢的热脆性和冷脆性,应严格控制。碳钢的价格低廉、工艺性能良好,在机械制造中应用广泛。常用碳钢的牌号及用途见表 1-3。

表 1-3　常用的碳钢牌号

分类	编号方法		常用牌号	用途
	举例	说明		
碳素结构钢	Q235-AF	屈服点为 235MPa、质量为 A 级沸腾钢;	Q195、Q215A、Q275 等;	一般以型材供应的工程构件,制造不太重要的机械零件及焊接件;
优质碳素结构钢	45、65Mn	两位数表示平均碳的质量分数的万分数,Mn 表示含锰量较高;	08F、10、40、50、60 等;	用于制造曲轴、传动轴、齿轮、连杆等重要零件;
碳素工具钢	T8、T8MnA	数字表示平均碳的质量分数的千分数,A 表示高级优质,Mn 表示含锰量较高;	T7、T9、T10、T11、T12、T13 等;	制造需较高硬度、耐磨性、又能承受一定冲击的工具,如手锤、冲头等;
铸造碳钢	ZG200-400	表示屈服点为 200MPa、抗拉强度为 400MPa 的铸造碳钢;	ZG230-450、ZG270-500 等;	形状复杂的需要采用铸造成形的钢质零件

2. 合金钢

为了改善和提高钢的性能,在碳钢的基础上加入其他合金元素的钢称为合金钢。常用金工实习的合金元素有硅、锰、铬、镍、钨、钼、钒、稀土元素等。合金钢还具有耐低温、耐腐蚀、高磁性、高耐磨性等良好的特殊性能,它在工具或力学性能、工艺性能要求高的、形状复杂的大截面零件或有特殊性能要求的零件方面,得到了广泛应用。常用合金钢的牌号、性能及用途见表 1-4。

表 1 - 4　常用合金钢的牌号、性能及用途

钢种		典型牌号	性能特点及应用
合金结构钢	低合金高强钢	Q295～Q460	较好的塑性、韧性、成形性及可焊性,较高的强度,用于工厂构件,如桥梁、船等;
	渗碳钢	20Cr、20CrMnTi	表面高硬度、耐磨性、心部具有良好的韧性,用于制造重要的齿轮、轴类零件;
	调质钢	40Cr、40MnB	良好的综合机械性能,用于制作轴类、连杆、螺栓、齿轮等重要零件;
	弹簧钢	60Si2Mn	高的弹性极限、屈强比及疲劳强度,足够的韧性,用于制作各种弹簧;
	滚动轴承钢	GCr15	高硬度、耐磨性及接触疲劳强度、足够的韧性,用于制作轴承、丝杠等;
合金工具钢	量具刃具钢	9SiCr、CrWMn	硬度高、耐磨性好,有一定的红硬性,用于制造各种低速切削刀具;
	高速钢	W18Cr4V W6Mo5Cr4V2	高硬度、耐磨性和红硬性,用于制造各种高速切削的刀具;
	冷作模具钢	Cr12、Cr12MoV	高硬度、耐磨性及疲劳强度,变形小,用于制造各种冷作模具(大型);
	热作模具钢	5CrMnMo 5CrNiMo	具有较高的强度、韧性及热疲劳强度,足够的耐磨性,用于制作各种热作模具;
特殊性能钢	不锈钢　马氏体型	1Cr13	较高的强度、硬度及耐磨性,用于力学性能要求较高、耐蚀性要求较低工件,如汽轮机叶片、水压阀及硬而耐磨的医疗工具;
	不锈钢　铁素体型	1Cr17	高的耐蚀性、良好的塑性,较低的强度,主要用于化工设备中的容器、管道等;
	不锈钢　奥氏体型	0Cr18Ni9	优良的耐蚀性,良好的塑性、韧性和冷变形性、焊接性,但切削加工性较差,主要用于耐蚀性要求较高及冷变形成形后需焊接的轻载零件;
	耐磨钢	ZGMn13－1	主要用于严重摩擦和强烈撞击条件下工作的零件

3. 铸铁

　　碳的质量分数大于 2.11% 的铁碳合金称为铸铁。由于铸铁含有的碳和杂质较多,其力学性能比钢差,不能锻造。但铸铁具有优良的铸造性、减振性及耐磨性等特点,加之价格低廉、生产设备和工艺简单,是机械制造中应用最多的金属材料。据资料表明,铸铁件占机器总质量的 45%～90%。常用铸铁的牌号、用途见表 1 - 5。

表 1-5 常用铸铁的种类、牌号及用途

分类	编号方法		用途
	举例	说明	
灰口铸铁	HT200	平均抗拉强度为 200MPa 的灰口铸铁;	承受较大载荷和较重要的零件,如气缸、齿轮、底座、飞轮、床身等;
可锻铸铁	KTZ450-06	平均抗拉强度为 450MPa、最低伸长率为 6% 的可锻铸铁;	制造负荷较高的耐磨零件,如曲轴、连杆、齿轮、凸轮轴等薄壁小铸件;
球墨铸铁	QT450-10	平均抗拉强度为 450MPa、最低伸长率为 10% 的球墨铸铁;	承受冲击振动的零件,如曲轴、蜗杆等;
蠕墨铸铁	RuT420	平均抗拉强度为 420MPa 的蠕墨铸铁;	制造大截面复杂铸件,主要用来代替高强度灰口铸铁、合金铸铁

4. 有色金属及其合金

有色金属包括铝、铜、钛、镁、锌、铅及其合金等,虽然它们的产量及使用量不如钢铁材料多,但由于具有某些独特的性能和优点,从而使其成为当代工业生产中不可缺少的材料。常用有色金属及其合金的种类见表 1-6。

表 1-6 常用有色金属及其合金的种类及用途

种类			常用牌号	用途
纯铝	变形纯铝		1A30	代替贵重的铜合金制作导线;配制铝合金以及制作要求质轻、导热或耐大气腐蚀但强度要求不高的器皿;
	铸造纯铝		ZAl99.5	
铝合金	变形铝合金	防锈铝	5A05	主要用于受力不大、经冲压或焊接制成的结构件,如各种容器、油箱、导管、线材等;
		硬铝	2A01、2A10	主要用在航空工业中,如作飞机构架、螺旋桨、叶片等;
		超硬铝	7A04	常作飞机上主要受力部件,如大梁、桁架、翼肋、起落架和活塞等;
		锻铝	2A50	常用作棒料或模锻件
	铸造铝合金		ZL102 ZL301	用作形状复杂的零件,如仪表、抽水机壳体、活塞、飞机零件等;
纯铜	加工产品		T1、T2	主要用作配制铜合金,制作导电、导热材料及耐蚀器件等;
	未加工产品		Cu-1	

（续表）

种类		常用牌号	用　途
铜合金	黄铜 — 普通黄铜	H70	主要用作水管、油管、散热器、螺钉等；
	黄铜 — 特殊黄铜	HPb59-1	主要用于制造冷凝管、齿轮、螺旋桨、钟表零件等；
	青铜 — 锡青铜	QSn6-6-3	主要用于制造弹性元件、耐磨零件、抗磁及耐蚀零件,如弹簧、轴承、齿轮、蜗轮、垫圈等；
	青铜 — 特殊青铜	QBe4	
	白铜	B19	主要用作耐蚀及电工仪表等；
	铸造铜合金	ZCuAl10Fe3 ZCuZn40Mn3Fe1	主要用作阀、齿轮、蜗轮、滑动轴承等

1.1.2　非金属材料

1. 高分子材料

高分子材料是指分子量很大的化合物,它们的分子量可达几千甚至几百万以上。高分子材料因其原料丰富,成本低,加工方便等优点,发展极其迅速。目前在工业上得到广泛应用,并将越来越多地被采用。高分子材料的分类见图 1-1。

图 1-1　高分子材料分类

2. 陶瓷材料

陶瓷是各种无机非金属材料的总称,是现代工业中很有发展前途的一类材料。今后将是陶瓷材料、高分子材料和金属材料三足鼎立的时代,构成固体材料的三大支柱。

陶瓷的种类繁多,工业陶瓷大致可分为普通陶瓷和特种陶瓷两大类。

◆ 普通陶瓷(传统陶瓷)　除陶、瓷器之外,玻璃、水泥、石灰、砖瓦、搪瓷、耐火材料都属于陶瓷材料。一般人们所说陶瓷常指日用陶瓷、建筑瓷、卫生瓷、电工瓷、化工瓷等。

普通陶瓷以天然硅酸盐矿物如黏土(多种含水的铝硅酸盐混合料)、长石(碱金属或碱土金属的铝硅酸盐)、石英、高岭土等为原料烧结而成的。

◆ 特种陶瓷　它是以人工化合物为原料(如氧化物、氮化物、碳化物、硅化物、膨化无机氟化物等)制成的陶瓷,它具有独特的力学、物理、化学、电、磁、光学等性能,主要用于化工、冶金、机械、电子、能源和一些新技术中。

3. 复合材料

由两种或两种以上化学成分不同或组织结构不同、经人工合成获得的多相材料称为复合材料。它不仅具有各组成材料的优点,而且还具有单一材料无法具备的优越的综合性能。因此,复合材料发展迅速,在各个领域都得到广泛应用。如先进的B－2隐形战斗轰炸机的机身和机翼大量使用了石墨和碳纤维复合材料,这种材料不仅比强度大,而且具有雷达反射波小的特点。

复合材料依照增强相的性质和形态可分为纤维增强复合材料、层合复合材料与颗粒增强复合材料三类。

任务三　钢的热处理

钢的热处理是指钢在固态下采用适当的方式进行加热、保温和冷却以获得所需组织结构与性能的工艺。

钢的热处理目的是显著提高钢的力学性能,发挥钢材的潜力,提高工件的使用性能和寿命。还可以消除毛坯(如铸件、锻件等)中缺陷,改善其工艺性能,为后续工序作组织准备。随着工业和科学技术的发展,热处理还将为改善和强化金属材料、提高产品质量、节省材料和提高经济效益等方面发挥更大的作用。

根据加热和冷却方法不同,常用的热处理方法大致分类如下

热处理方法虽然很多,但任何一种热处理工艺都是由加热、保温和冷却三个阶段所组成。图1－2是热处理最基本的热处理工艺曲线。对不同的钢材,三个阶段工艺参数的选择不同;对同一钢材,冷却方式和冷却速度不同,所获得的组织和性能也不同。

图 1-2 热处理工艺曲线

1.3.1 钢的热处理基本工艺

不同工艺要素构成不同基本工艺。

1. 普通热处理

（1）退火

退火是将钢件加热到适当温度，保持一定时间后缓慢冷却的热处理工艺。退火态的组织基本上接近平衡组织。退火主要目的是降低材料硬度，改善其切削加工性，细化材料内部晶粒，均匀组织及消除毛坯在成形（锻造、铸造、焊接）过程中所造成的内应力，为后续的机械加工和热处理做好准备。

常用的退火方式见表 1-7。

表 1-7 常用的退火工艺

种类	加热温度范围	热处理后组织	应 用
完全退火	对碳素钢而言为 740℃～880℃	P＋F	主要用于亚共析成分的碳钢和合金钢的铸件、锻件及热轧型材，也可用于焊接结构。目的是细化晶粒、消除应力、软化钢；
球化退火		球状 P	主要用于共析或过共析成分的碳钢和合金钢。目的是降低硬度，改善切削加工性能；
去应力退火	500～600℃	组织不变	主要用于消除铸件、锻件、焊接件或切削加工过程中的残余应力

（2）正火

正火是将钢加热到某一温度（对碳素钢而言为 760℃～920℃）完全奥氏体化后，保温后在空气中冷却的热处理工艺。

由于正火的冷却速度稍快于退火，经正火后的零件，其强度和硬度较退火零件要高，且操作简便，生产周期短，能量耗费少。故在可能条件下，应优先考虑采用正火处理。但消除应力不如退火。正火主要用于：

◆ 对于要求不高的结构零件，可作最终热处理　正火可细化晶粒，正火后组织的力学性能较高。而大型或复杂零件淬火时,可能有开裂危险,所以正火可作为普通结构零件或大型、复杂零件的最终热处理。

◆ 改善低碳钢和低碳合金钢的切削加工性 一般认为硬度在$160 \sim 230$HBS 范围内,金属的切削加工性好。硬度过高时,不但加工困难,刀具还易磨损;而硬度过低时切削容易"粘刀",也使刀具发热和磨损,且加工零件表面粗糙度值大。低碳钢和低碳合金钢退火后的硬度一般都在 160HBS 以下,因而切削加工性不良。正火可以提高其硬度,改善切削加工性。

◆ 消除过共析钢中二次渗碳体,为球化退火作好组织准备 因为正火冷却速度较快,二次渗碳体来不及沿奥氏体晶界呈网状析出。

(3)淬火

将钢加热到某一温度(对碳素钢而言为 $770℃ \sim 870℃$),保温一定时间后快速冷却以获得马氏体或贝氏体的热处理工艺称为淬火。淬火的目的是提高钢的硬度和耐磨性。

影响淬火质量的主要因素是淬火加热温度,冷却剂的冷却能力及零件投入冷却剂中的方式等。一般情况下,常用非合金钢的加热温度取决于钢中碳含量。淬火保温时间主要根据零件有效厚度来确定。零件进行淬火冷却所使用的介质叫作淬火介质。水最便宜而且冷却能力较强,适合于尺寸不大,形状简单的碳素钢零件的淬火。浓度为 10% 的 $NaCl$ 和 10% 的 $NaOH$ 的水溶液与纯水相比,能提高冷却能力。油也是一种常用的淬火介质,早期采用动、植物油脂。目前工业上主要采用矿物油,如全损耗系统用油(俗称机油)、柴油等,多用于合金钢的淬火。此外,还必须注意零件浸入淬火冷却剂的方式。如果浸入方式不当,会使零件因冷却不均而导致硬度不均,产生较大的内应力,发生变形,甚至产生裂纹。

(4)回火

回火是指将淬火钢重新加热到某一温度,保温一定时间,然后冷却到室温的热处理工艺。回火的目的是获得工件所需的组织和性能、稳定工件尺寸、消除或减小淬火应力。

回火操作主要是控制回火温度。回火温度越高,工件韧性越好,内应力越小,但硬度、强度下降得越多。根据回火加热温度的不同,回火常分为低温回火、中温回火和高温回火,见表 1-8。

表 1-8 回火的种类及应用

回火种类	回火温度	应 用 场 合
低温回火	$150℃ \sim 250℃$	用于要求硬度高、耐磨性好的零件,如各类高碳工具钢、低合金工具钢制作的刃具,冷变形模具、量具,滚珠轴承及表面淬火件等;
中温回火	$350℃ \sim 450℃$	主要用于各类弹簧,热锻模具及某些要求较高强度的轴、轴套、刀杆的处理;
高温回火	$500℃ \sim 650℃$	生产中通常把淬火加高温回火的处理称为调质处理。对于各种重要的结构件,特别是在交变载荷下工作的零件,如连杆、螺栓、齿轮、轴等都需经过调质处理后再使用

2. 表面热处理

在各种机器中,齿轮、轴和活塞销等许多零件都在动载荷和摩擦条件工作。它们在性能上不仅要求齿部和轴颈等处表面硬而耐磨,还要求心部有足够的强度和韧性,以传递很大的扭矩和承受相当大的冲击载荷,即要求零件"表硬里韧"。很显然,采用普通热处理工艺是难以达到这两方面的要求,为此在生产中广泛采用表面热处理。

所谓表面热处理是指只对零件表面进行热处理,以改变其组织(化学热处理还改变表层的化学成分)和性能的工艺。它可分为表面淬火和化学热处理两大类。

(1)表面淬火

表面淬火是一种不改变钢的表层化学成分,但改变表层组织的局部热处理方法。它是通过快速加热,使钢的表层奥氏体化,在热量尚未充分传至中心时立即予以淬火冷却,使表层获得硬而耐磨的马氏体组织,而心部仍保持着原有塑性、韧性较好的退火、正火或调质状态的组织。

根据加热方法的不同,表面淬火可分为感应加热表面淬火、火焰加热表面淬火、电解液加热表面淬火、激光加热表面淬火和电子束加热表面淬火等。

火焰加热表面淬火就是利用氧—乙炔(或其他可燃气)火焰对零件表面进行加热,随之淬火冷却的工艺。火焰加热表面淬火淬硬层深度可达 2～6mm,且设备简单、使用方便、不受工件大小和淬火部位的限制、灵活性大。但由于其加热温度不易控制、容易过热、硬度不匀,故主要用于单件小批生产及大型工件的表面淬火。

感应加热表面淬火是目前应用较广的一种表面淬火方法,它是利用零件在交变磁场中产生感应电流,将零件表面加热到所需的淬火温度,而后喷水冷却的淬火方法。感应加热表面淬火,淬火质量稳定,淬火层深度容易控制。这种热处理方法生产效率极高,加热一个零件仅需几秒至几十秒即可达到淬火温度。由于这种方法加热时间短,故零件表面氧化、脱碳极少,变形也小,还可以实现局部加热、连续加热,便于实现机械化和自动化。但高频感应设备复杂,成本高,故适合于形状简单,大批量生产的零件。

(2)化学热处理

化学热处理是指将工件放在一定的活性介质中加热,使某些元素渗入工件表层,以改变表层化学成分和组织,从而改善表层性能的热处理工艺。它与其他热处理比较,其特点使表层不仅有组织变化,而且化学成分也发生了变化。

化学热处理的种类很多,一般都以渗入元素来命名。渗入元素不同,工件表层所具有的性能也不同。如渗碳、渗氮、碳氮共渗能提高工件表层的硬度和耐磨性;渗铬、渗铝、渗硅大多是为了使工件表层获得某些特殊的物理化学性能(如抗氧化性、耐高温性、耐酸性等)。

渗碳是将钢件置于渗碳介质中加热并保温,使碳原子渗入钢件表面,增加表层碳含量及获得一定碳浓度梯度的工艺方法。适用于碳的质量分数为 0.1%～0.25% 的低碳钢或低碳合金钢,如 20、20Cr、20CrMnTi 等。零件渗碳后,碳的质量分数从表层到心部逐渐减少,表面层碳的质量分数可达 0.80%～1.05%,而心部仍为低碳。渗碳后再经淬火加低温回火,使表面具有高硬度,高耐磨性,而心部具有良好塑性和韧性,使零件既能承受磨损和较高的表面接触应力,同时又能承受弯曲应力及冲击载荷。渗碳用于在摩擦冲击条件下工作的零件,如汽车齿轮、活塞销等。

渗氮是在一定温度下将零件置于渗氮介质中加热、保温,使活性氮原子渗入零件表层的化学热处理工艺。零件渗氮后表面形成氮化层,氮化后不需淬火,钢件的表层硬度高达 950 HV~1200 HV,这种高硬度和高耐磨性可保持到 560℃~600℃工作环境温度下而不降低,故氮化钢件具有很好的热稳定性,同时具有高的抗疲劳性和耐蚀性,且变形很小。由于上述特点,渗氮在机械工业中获得了广泛应用,特别适宜于许多精密零件的最终热处理,例如磨床主轴、精密机床丝杠、内燃机曲轴以及各种精密齿轮和量具等。

3. 其他热处理

随着工业及科学技术的发展,热处理工艺在不断改进,近二十多年发展了一些新的热处理艺,如真空热处理、可控气氛热处理、形变热处理和新的表面热处理(如激光热处理、电子束表面淬火等)。

(1)可控气氛热处理

在炉气成分可控制在预定范围内的热处理炉中进行的热处理称为可控气氛热处理。其目的是为了有效地控制表面碳浓度的渗碳、碳氮共渗等化学热处理,或防止工件在加热时的氧化和脱碳,还可用于实现低碳钢的光亮退火及中、高碳钢的光亮淬火。按炉气可分渗碳性、还原性和中性气氛等。目前我国常用的可控气氛有吸热式气氛、放热式气氛、放热-吸热式气氛和有机液滴注式气氛等,其中以放热式气氛的制备最便宜。

(2)真空热处理

在真空中进行的热处理称为真空热处理。它包括真空淬火、真空退火、真空回火和真空化学热处理(真空渗碳、渗铬等)。真空热处理是在 1.33~0.0133Pa 真空度的真空介质中加热工件。真空热处理可以减少工件变形,使钢脱氧、脱氢和净化表面,使工件表面无氧化、不脱碳、表面光洁,可显著提高耐磨性和疲劳极限。真空热处理的工艺操作条件好,有利于实现机械化和自动化,而且节约能源,减少污染,因而真空热处理目前发展较快。

(3)形变热处理

形变热处理是将塑性变形同热处理有机结合在一起,获得形变强化和相变强化综合效果的工艺方法。这种工艺方法不仅可提高钢的强韧性,还可以大大简化金属材料或工件的生产流程。形变热处理的方法很多,有低温形变热处理、高温形变热处理、等温形变热处理、形变时效和形变化学热处理等。

(4)激光热处理

激光热处理是利用专门的激光器发出能量密度极高的激光,以极快的速度加热工件表面、自冷淬火后是工件表面强化的热处理。

目前工业用激光器大多为 CO_2 激光器。因为它较易获得大功率,转换效率高,根据需要可采用连续或脉冲工作方式。

激光热处理能显著提高生产率和改善零件性能,但激光装置价格昂贵,目前主要用于不能或很难进行普通热处理的小尺寸和形状复杂的零件。

1.3.2　热处理常用设备

热处理设备可分为主要设备和辅助设备两大类。主要设备包括热处理炉、热处理加热装置、冷却设备、测量和控制仪表等。辅助设备包括检测设备、校正设备和消防安全设备等。

1. 热处理炉

常用的热处理炉有箱式电阻炉、井式电阻炉、气体渗碳炉和盐浴炉等。

(1)箱式电阻炉是利用电流通过布置在炉膛内的电热元件发热,通过对流和辐射对零件进行加热,如图 1-3(a)所示。它是热处理车间应用很广泛的加热设备。适用于钢铁材料和非钢铁材料(有色金属)的退火、正火、淬火、回火及固体渗碳等的加热,具有操作简便,控温准确,可通入保护性气体防止零件加热时的氧化,劳动条件好等优点。

a) 箱式电炉　　　　　　　　b) 井式电炉

c) 盐浴炉

图 1-3　常用的热处理加热炉

(2)井式电阻炉　如图 1-3(b)所示,井式电阻炉的工作原理与箱式电阻炉相同,其炉口向上,形如井状而得名。常用的有中温井式炉、低温井式炉和气体渗碳炉三种,井式电阻炉采用吊车起吊零件,能减轻劳动强度,故应用较广。

中温井式炉主要应用于长形零件的淬火、退火和正火等热处理,其最高工作温度为950℃。井式炉与箱式炉相比,井式炉热量传递较好,炉顶可装风扇,使温度分布较均匀,细长零件垂直放置可克服零件水平放置时因自重引起的弯曲。

(3)盐浴炉盐浴炉是利用熔盐作为加热介质的炉型,如图1-3(c)所示。盐浴炉结构简单,制造方便,费用低,加热质量好,加热速度快,因而应用较广。但在盐浴炉加热时,存在着零件的扎绑、夹持等工序,使操作复杂,劳动强度大,工作条件差。同时存在着启动时升温时间长等缺点。因此,盐浴炉常用于中、小型且表面质量要求高的零件。

2. 控温仪表

热处理炉的测温仪器主要由感温元件和与之相配的测温线路和仪表构成。炉内温度由感温元件测量,它将温度信号转换成电动势,经由热电转换器等组成的测温线路将热电动势转换为统一信号,由测温仪表检测和显示温度值,自动化装置与测温仪表一起构成自动控制系统实现对炉温的自动控制,并可对炉温进行调节。

常用的感温元件有热电偶、热电阻等。热电偶由热电极、绝缘管、保护管和接线盒等组成,其结构如图1-4所示。热电阻由作为感温的电阻丝、套管和接线盒等组成,外形很像热电偶。炉温控制系统(见图1-5)主要由调节对象(炉温)、测温仪表、调节器和执行器等环节组成。每一个环节都接受前一个环节的作用,同时又对后一个环节施加影响,构成反馈系统。例如,当工件进出炉子或电源电压波动时,会使炉温偏离给定温度,此时通过检测元件(包括感温元件和相应仪表将实际温度值传递到调节器中的比较机构与给定值进行比较,比较后的偏差信号送入调节机构。调节机构根据偏差的性质和大小,输出一个信号给执行器,执行器根据信号改变输入热处理炉的能量,使实际温度与给定温度的偏差减少,直到炉温恢复到给定值为止。

图1-4 热电偶结构

图1-5 炉温控制系统示意图

3. 感应加热设备

图1-6是感应表面加热示意图。感应线圈通交流电产生交变磁场,位于线圈中部的工件表面产生感应电流,密集于工件表面的交变电流使工件表面被迅速加热至,而其心部几乎无电流通过,温度仍接近于室温。感应器中一般通入中频或高频交流电,线圈中交流电的频率越高,工件的受热层越薄。工件在加热的同时旋转向下运动,此时可立即喷水冷却加热好的部位。该设备可加热、冷却连续进行,主要用于轴类零件表面的快速加热和冷却,以实现表面淬火的要求。

4.冷却设备

常用的冷却设备有水槽、油槽、盐浴池和碱浴池等,主要用于金属淬火时对不同冷却速度要求的快速冷却。

水槽的基本结构可制成长方形、正方形等,用钢板和角钢焊成。一般水槽都有循环功能,以保证淬火介质温度均匀,并保持足够的冷却特性。水槽的冷却介质可用净水或5%~15%的食盐水。

油槽的形状及结构与水槽相似,为了保证冷却能力和安全操作,一般车间都采用集中冷却的循环系统。油槽的冷却介质可用10号或20号机械油,油温100℃。盐浴可用50%硝酸钾和50%亚硝酸钠的熔盐,使用温度一般为150℃~500℃。碱浴可用85%氢化钾和15%亚硝酸钠的熔体,另加4%~6%的水,使用温度150℃~170℃。

图1-6 感应加热表面淬火示意图

1.3.3 热处理质量控制与检验

热处理工艺选择不当会对零件的质量产生较大影响。如淬火工艺的选择对淬火零件的质量影响较大,如果选择不当,容易使淬火件力学性能不足或产生过热、晶粒粗大和变形开裂等缺陷,严重的会造成零件报废。

1.热处理常见缺陷及其控制

(1)氧化和脱碳

钢件加热时,介质中的氧水和二氧化碳等与钢件反应生成氧化物的过程称为氧化。钢件在570℃以上加热时,所形成的氧化皮由外到内依次为Fe_2O_3、Fe_3O_4和FeO。氧化皮的传热能力差,会妨碍淬火时钢的快冷,从而形成软点,使工件的有效尺寸减小,严重时可造成工件报废。

加热时由于介质与钢件表层的碳发生反应,使表层碳的质量分数降低的现象叫作脱碳。脱碳愈严重,淬火时钢件表层和心部的体积膨胀差别愈大,因而愈容易出现淬火裂纹。此外,脱碳还可造成冷处理裂纹,使淬火件硬度不足,耐磨性和疲劳强度下降。

为防止工件氧化脱碳,可采用盐浴炉、可控气氛炉加热,也可采用防氧化脱碳措施加以预防。

(2)过热和过烧

钢件进行奥氏体化加热时,如加热温度过高或加热时间过长,会引起奥氏体晶粒长大,生产的马氏体也粗化,这种现象叫作过热。过热的工件几乎不能防止产生淬火裂纹,因为在生产的马氏体中存在大量微裂纹,会发展为淬火裂纹。

在加热温度更高的情况下,钢的奥氏体晶粒进一步粗化并产生晶界氧化,严重时还会引起晶界熔化,这种现象叫作过烧。产生过烧的工件,其性能急剧降低。

有过热缺陷的工件,可先进行一次细化组织的正火或退火,然后再按正常规范重新淬火。有过烧缺陷的工件因无法挽救,只能报废。

(3)软点

工件淬火硬化后,表面硬度偏低的小区域称为软点。当采用水作淬火介质时,工件表面因被传热能力很差的蒸汽膜包住而造成冷却缓慢,所以淬火后工件的软点比较严重。在存在氧化皮和脱碳的部位也会出现软点。

为了防止软点,应该使工件进行无氧化、无脱碳加热;其次,加强淬火介质在淬火过程中的机械搅拌;也可采用清水中加入盐、碱或采用聚乙烯醇等水溶性有机溶液做淬火介质,使钢件在淬火时形成的蒸汽膜迅即破坏不致出现淬火软点。

(4)淬火裂纹

淬火裂纹是由于淬火内应力在工件表层形成的拉应力超过冷却时钢的断裂强度而引起的。一般发生在马氏体转变点以下的冷却过程,因马氏体转变塑性急剧降低,而组织应力急剧增大,所以容易形成裂纹。

最常见的裂纹有纵向裂纹、横向裂纹、网状裂纹和应力集中裂纹等,形成裂纹的原因包括热处理工艺、原材料和工件结构设计等。

淬火裂纹一旦产生便无法挽救,因此必须设法防止。为防止淬火裂纹,主要从以下几方面入手:

◆ 改善零件结构设计的工艺性,并正确选用钢材;

◆ 改善淬火工艺,遵守"先快后慢"的原则,即在马氏体转变点以上快冷,在马氏体转变点以下慢冷,如采用分级淬火和双液淬火能有效防止淬火裂纹。

◆ 工件淬火后要立即进行回火。因为淬火工件中或多或少存在一定量残余奥氏体,这些奥氏体在室温下的放置过程中会转变成马氏体,从而因产生体积膨胀而导致开裂。同时,淬火残余应力的存在会助长裂纹产生。

(5)淬火变形

淬火变形包括尺寸变形和形状变形两种。尺寸变化是指工件淬火后伸长、缩短、变粗或变细等与原来零件呈相似形的变化。形状变形是指工件淬火后翘曲、弯曲、扭曲等与原来零件呈非相似形的变化。

淬火变形有热应力引起的淬火变形、组织应力引起的淬火变形和组织转变引起的体积变化等。实际上工件淬火所产生的变形是上述三种变形规律的同时作用。

影响变形的因素有淬火冷却起始温度、淬火冷却、工件结构、机械加工、钢材成分、淬透性和加热方式等。

(6)回火缺陷

回火缺陷主要指回火裂纹和回火硬度不合格。所谓回火裂纹,是指淬火态钢进行回火时,因急热、急冷或组织变化而形成的裂纹。

有回火硬化(二次硬化)现象的高合金钢,比较容易产生回火裂纹。防治方法是在回火时缓慢加热,并从回火温度缓慢冷却。

硬度过高一般是因回火程度不够造成的,补救办法是按正常回火规范重新回火。回火后硬度不足主要是回火温度过高,补救办法是退火后重新淬火回火。

回火脆性是钢的一种热处理特性,而不是热处理缺陷。但如果不注意这种特性,有时就会成为回火缺陷的根源。

2. 工件检测

对热处理结果进行评价的方法有显微金相组织观测与分析、硬度测试等。硬度测试是一种简便的方法,常用的设备有布氏硬度计和洛氏硬度计。布氏硬度计用于测试铸铁、退火钢等软金属材料,其压头为淬火钢球或硬质合金钢球,采用额定配重进行加载测量。用布氏硬度计在工件上压出凹痕后,拿到带有刻度的显微镜下测出压痕直径,在专用硬度表格中查出硬度值。洛氏硬度计用于测试淬火钢等较硬的金属材料,其压头常用金刚石圆锥体做成,使用额定载荷进行测量。洛氏硬度的测量非常方便,在压下操作手柄后松开,即可在硬度计上方的刻度盘中直接读出硬度值。

项目思考题

1. 常用力学性能指标有哪些?各用什么符号表示?

2. 钢的火花由哪几部分组成?20 钢与 T12 钢的火花有什么区别?

3. 有一批 20 钢,生产中混入了少量的 T12 钢,试问可用几种简便的方法将它们分开?

4. 什么是钢的热处理?常用的热处理工艺有哪些?

5. 淬火钢为什么需要及时回火?常用的回火方法有哪些?各自应用场合如何?

6. 请指出实习中所用轴、手锤、游标卡尺、螺栓等是用什么材料制成的?

项目二　切削加工基础知识

实训目的与要求

(1)了解常用加工方法的切削运动原理。

(2)了解切削用量三要素的概念及选用原则。

(3)了解刀具材料的分类及选择。

(4)了解刀具的组成及刀具几何角度。

(5)掌握常用量具的使用。

(6)了解机械加工质量。

(7)了解机床的分类、型号、组成等基础知识。

安全操作规程

(1)操作者必须熟知所操作机床的结构、性能、原理和故障处理方法,初学者必须在教师指导下方可上机操作。

(2)工作前,应按规定正确穿戴好防护用品,袖口要扎紧,不准围围巾、戴手套工作,女工发辫必须挽在工作帽内。

(3)开机前必须检查各种安全防护、保险、电气接地装置和润滑系统是否良好,确认无误方可开车。

(4)开车时应先盘车或低速空转试车,检查机床运转和各转动部位,确认正常后方准工作。

(5)上、落工件要稳妥,尤其是笨重、异型工件,要与其配重工件配合好。

(6)加工旧工件前,必须将有害物质清除干净。

(7)操作时,应戴防护眼镜,并采取防止金属屑飞溅伤人措施,加工铸铁、铸铜等材料时应戴好防尘口罩。

(8)机床开动后,刀具应慢慢接近工件,操作者应站在安全操作位置,避开机床运动部位和金属屑飞出方向。清除金属屑禁止嘴吹、手拨。

(9)机床运转中,不准反向制动刹车,不准手触工件或刀具,不准越过运转部位传送物件。调整机床速度、运程,调整工、夹、刀具,测量工件,机床润滑及擦拭车床,均必须停车进行。

(10)机床运行中,发现异常情况应立即停车,切断电源,然后进行检查,如属电气故障,应由电工处理。

(11)机床开动后,不准擅离工作岗位,工作中途停止加工工件,因故离开工作岗位或中途停电,都必须停车、切断电源。

(12)大型机床由两人以上操作,必须明确主操作人统一指挥,互相配合。非主操作人不得下令开车。

(13)原材料、半成品和成品摆放要稳固,对容易滚动的工件要垫稳,地面油污要及时清除,保持工作场地清洁畅通。

(14)机床照明必须使用 36V 以下安全灯。

(15)工作结束后,手柄、手轮放置空挡,切断电源。交接班时,必须把本班机床运转及安全等情况交代清楚,交接记录双方签字为据。

项目知识点

在现代机械制造行业中,机械零件是有一系列加工方法加工而获得的。采用铸造、锻压、焊接等方法一般只能得到精度低、表面粗糙度值高的毛坯。如果要得到高精度、高质量的零件,就必须对毛坯进行切削加工。

金属切削加工是用刀具从金属材料(毛坯)上切除多余的部分,使获得的零件符合要求的几何形状、尺寸及表面粗糙度的加工过程。

金属切削加工按动力来源不同可分为钳工和机械加工两种。前者是工人手持工具进行的切削加工,如锉、锯、錾、刮等;后者是工人操纵机床进行的切削加工,如车、钻、刨、铣、磨等。不管是哪一种加工方法,它们都有一个共同的特点,就是将工件上一薄层金属变成切屑。

任务一 切削加工概述

2.1.1 切削运动及切削用量

1. 切削运动

各种机器零件的形状虽多,但分析起来,都不外乎是平面、外圆面(包括圆锥面)、内圆面(即孔)及成形面所组成的。因此,只要能对这几种典型表面进行加工,就能完成所有机器零件的加工。

◆ 外圆面和内圆面(孔) 它是指以某一直线为母线,以圆为运动轨迹作旋转运动时所形成的表面。

◆ 平面 它是指以一直线为母线,另一直线为轨迹作平移运动而形成的表面。

◆ 成形面 它是指以曲线为母线,以圆或直线为轨迹作旋转或平移运动时所形成的表面。

若想完成上述表面的加工,机床与工件之间必须作相对运动。如图 2-1 所示是刀具和工件作不同的相对运动来完成各种表面的加工方法。

a) 车外圆面　　　b) 磨外圆面　　　c) 钻孔　　　d) 车床上镗孔

e) 刨平面　　　f) 铣平面　　　g) 车成形面　　　h) 铣成形面

图 2-1　零件不同表面加工时的切削运动

与零件几何形状形成有直接关系的运动称为切削运动,其他称为辅助运动。

切削运动包括主运动和进给运动。主运动是切下切屑所必须的运动,它是切削运动中速度最高、消耗功率最多的运动。而进给运动是指与主运动配合,以便重复或连续不断地切下切屑,从而形成所需工件表面的运动。

各种切削加工机床都是为了实现某些表面的加工,因此都有特定的切削运动。从图17.1分析可知,主运动和进给运动可以由刀具完成,也可由工件完成;可以是连续的,也可以是间断的。任何切削加工只有一个主运动,而进给运动则可能是一个或多个。

2. 切削用量

(1)工件上的加工表面

在切削加工过程中,工件上的切削层不断地被刀具切削,并转变为切屑,从而获得零件所需要的新表面。在这一表面形成过程,工件上有三个不断变化着的表面。以车外圆为例来说明这三个表面,如图2-2所示。

图 2-2　工件上的加工表面

◆ 待加工表面即将被切除金属层的表面。

◆ 过渡表面正在被切除金属层的表面。

◆ 已加工表面已经被切除金属层的表面。

(2)切削用量三要素

所谓切削用量是指切削速度、进给量和切削深度三者的总称。它是表示切削时各运动参数的大小,是调整机床运动的依据。

① 切削速度 V_c。

主运动的线速度称为切削速度,它是指在单位时间内,工件和刀具沿主运动方向相对移动的距离。

当主运动为旋转运动时,则

$$V_c = \frac{\pi d n}{1000} \quad (\text{m/min})$$

式中 d——工件或刀具的直径,mm;

      n——工件或刀具的转速,r/min。

若主运动为往复直线运动(如刨、插等),则以平均速度为切削速度,其计算公式为:

$$V_c = \frac{2L n_r}{1000} \quad (\text{m/min})$$

式中 L——往复运动行程长度,mm;

      n_r——主运动每分钟的往复次数,str/min。

② 进给量

刀具在进给运动方向上相对工件的位移量称为进给量。不同的加工方法,由于所用刀具和切削运动形式不同,进给量的表述和度量方法也不相同。主要有以下三种表述方法:

◆ 每转进给量 f:在主运动一个循环内,刀具与工件沿进给运动方向的相对位移,mm/r 或 mm/str。

◆ 每分进给量(进给速度)V_f:即进给运动的瞬时速度,它表示在单位时间内,刀具与工件沿进给运动方向的相对位移,mm/s 或 mm/min。

◆ 每齿进给量 f_z:刀具每转或每行程中每齿相对工件在进给运动方向上的位移量,mm/z。

显然它们的关系如下:

$$V_f = fn = f_z z n$$

③背吃刀量 a_p

待加工表面与已加工表面的垂直距离称为背吃刀量。对车外圆来说,其计算公式如下:

$$a_p = \frac{d_w - d_m}{2} \quad \text{mm}$$

式中:d_w——工件待加工表面的直径,mm;

      d_m——工件已加工表面的直径,mm。

(3)切削用量的合理选择

合理地选择切削用量,对于保证加工质量、提高生产效率和降低加工成本有着重要的影响。在机床、刀具和工件等条件一定的情况下,切削用量的选择具有较大的灵活性和潜力。为了取得最大的技术经济效益,就应当根据具体的加工条件,确定切削用量三要素的合理组合。

粗车时,工件的尺寸精度要求不高,工件的表面粗糙度允许较大,所以选择切削用量时应着重考虑如何发挥刀具和机床的能力,减少基本工艺时间,提高生产率。因此,粗车时应先选一个尽量大的背吃刀量 a_p,然后选一个比较大的进给量 f,最后再根据刀具寿

命的允许,选一个合适的切削速度 V_c。这样才能使生产率最高,同时也能充分发挥刀具的寿命。具体要求是:

◆ 背吃刀量的选取是和工件的加工余量有关。在加工余量确定的条件下,尽可能一次切完,以减少走刀次数。如粗加工余量过大,无法一次切完,可以采用几次走刀,但前几次的背吃刀量要大些。机床和工件刚性好的背吃刀量可选得大些,否则相反。

◆ 背吃刀量选定后,就可根据机床、工件、刀具的具体条件选择尽可能大的进给量。机床、工件和刀具刚性好的可选大些,否则可选小些。进给量对进给力的影响较大,进给力应小于机床说明书上规定的最大允许值。

◆ 然后再根据刀具耐用度的要求,针对不同的刀具材料和工件材料,选用合适的切削速度。

精车时,关键是要保证工件的尺寸精度、形状精度和表面粗糙度的要求,然后再考虑尽可能高的生产率。

为了抑制积屑瘤的产生,以保证工件的表面粗糙度,硬质合金一般多用较高的切削速度,而高速钢刀具则大多采用较低的切削速度 V_c。

为了减小切削力以及由此引起的工艺系统的弹性变形,减小已加工表面的残留面积和参与应力,减少径向切削力 F_p,避免振动,以提高工件的加工精度和表面质量。因此,精车时应选用较小的背吃刀量 a_p 和较小的进给量 f。

总之,在选取切削用量时要记住以下三条:

◆ 影响刀具耐用度最大的是切削速度。

◆ 粗加工时背吃刀量越大越好。

◆ 粗加工时,进给量受机床、刀具、工件所能承受切削力的限制,精加工时受工件表面粗糙度的限制。

在实际生产中,切削用量三要素的具体数值多由工人凭经验选取或查阅有关切削用量手册。

2.1.2 刀具材料及刀具几何角度

切削过程中,直接完成切削工作的是刀具。刀具能否胜任切削工作,主要取决于刀具切削部分的材料、合理的几何形状和结构。

1. 刀具材料

刀具材料一般是指刀具切削部分的材料。它的性能是影响加工表面质量、切削效果、刀具寿命和加工成本的重要因素。

(1)对刀具材料的基本要求

金属切削过程中,刀具切削部分承受很大切削力和剧烈摩擦,并产生很高的切削温度;在断续切削工作时,刀具将受到冲击和产生振动,引起切削温度的波动。为此,刀具材料应具备下列基本性能:

◆ 高的硬度和耐磨性   硬度是刀具材料应具备的基本特性。刀具要从工件上切下切屑,其硬度必须比工件的硬度大,一般都要求在 60HRC 以上。

耐磨性是材料抵抗磨损的能力。一般来说,刀具材料的硬度越高,耐磨性就越好。但刀具材料的耐磨性实际上不仅取决于它的硬度,而且还与它的化学成分、强度和纤维组织有关。

◆ 足够的强度和韧性,以承受切削力、冲击和振动。

◆ 高的耐热性和化学稳定性　耐热性是衡量刀具材料切削性能的主要标志。它是指刀具材料在高温下保持硬度、耐磨性、强度和韧性的性能。耐热性越好,刀具材料的高温硬度越高,则刀具的切削性能越好,允许的切削速度也越高。

化学稳定性是指刀具材料在高温条件下不宜与工件材料和周围介质发生化学反应的能力,包括抗氧化和抗黏结能力。化学稳定性越高,刀具磨损越慢。

耐热性和化学稳定性是衡量刀具切削性能的主要指标。

◆ 良好的工艺性和经济性　主要是要求刀具材料具有良好的可加工性、较好的热处理工艺性和较好的焊接性。此外,在满足以上性能要求时,应尽可能采用资源丰富、价格低廉的品种。

（2）常用刀具材料

目前在切削加工中常用的刀具材料有:碳素工具钢、量具刃具钢、高速钢、硬质合金、陶瓷材料和超硬材料等,其中在生产中使用最多的是高速钢和硬质合金,碳素工具钢和量具刃具钢因耐热性差,仅用于一些手工或切削速度较低的刀具。常用刀具材料的种类及选用见表 2-1。

表 2-1　常用刀具材料的种类及选用

种 类		特 点	应 用	
碳素工具钢		淬火硬度较高,可达 HRC61～65;价格低廉;耐热性差(200～250℃);淬火时易产生裂纹和变形;	用于制造低速、简单的手动工具,如锉刀、手工锯条等;	
量具刃具钢		具有较高的硬度,可达 HRC61～65;硬度、耐磨性、韧性比碳素工具钢高;具有较高的耐热性(350～400℃);热处理变形小;	主要用于制造各种形状较为复杂的低速切削刀具(如丝锥、板牙、铰刀等)和精密量具;	
高速钢		较高的硬度,可达 HRC62～65;耐热性好(550～600℃);硬度、强度、耐磨性显著提高;热处理变形小;	用来制造复杂刀具,如钻头、铣刀、齿轮加工刀具等;	
硬质合金	钨钴类	硬度很高,可达 HRA88～93,相当于HRC70～75;耐热性高(800～1000℃);切削速度比高速钢高 5～10 倍;抗弯强度和冲击韧性远比高速钢低;	主要用作镶齿刀具	加工铸铁等脆性材料;
	钨钛钴类			加工钢材等塑性材料;
	钨钛钽(铌)类			既可加工钢,也可加工铸铁和有色金属;
陶瓷材料		硬度、耐磨性、耐热性和化学稳定性均优于硬质合金,但比硬质合金更脆;	主要用于精加工;	

（续表）

种 类		特 点	应 用
超硬材料	人造金刚石	是自然界最硬的材料,有极高的耐磨性,刃口锋利,能切极薄的切屑;但极脆,不能用于粗加工;且与铁的亲合力,故不能切削黑色金属;	主要用于磨料,磨削硬质合金,也可用于有色金属及其合金的高速精细车和镗削;
	立方氮化硼（CBN）	硬度、耐磨性仅次于金刚石,但它的耐热性和化学稳定性都大大高于金刚石,且与铁族的亲合力小,但在高温时与水易起化学反应,所以用于干切削;	适于精加工淬硬钢、冷硬铸铁、高温合金、热喷涂材料、硬质合金及其他难加工材料

2. 刀具几何角度

刀具种类繁多,结构各异,但其切削部分的基本构成是一样的。如图 2-3 所示,各种多齿刀具或复杂刀具,就其一个刀齿而言,都相当于一把车刀的刀头。因此,只要弄清车刀,其他刀具即可举一反三,触类旁通了。

图 2-3 刀具的切削部分

（1）车刀的组成

车刀由刀头和刀体两部分组成。刀体用于夹持和安装刀具,即为夹持部分,而刀头担任切削工作,故又称为切削部分,如图 2-4 所示。

车刀的切削部分一般是由三个表面组成的,即前刀面、主后刀面和副后刀面,如图 2-4 所示。

图 2-4 车刀的组成

$$
\begin{cases}
\text{三面} \begin{cases}
\text{前刀面:切屑所流经的表面} \\
\text{主后刀面:切削过程中,刀具上与工件的过渡表面相对的表面} \\
\text{副后刀面:切削过程中,刀具上与工件的已加工表面相对的表面}
\end{cases} \\
\text{二线} \begin{cases}
\text{主切削刃:前刀面与主后刀面的交线} \\
\text{副切削刃:前刀面与副后刀面的交线}
\end{cases} \\
\text{一点,即为刀尖:主切削刃与副切削刃的交点,实际并非一点,} \\
\qquad\qquad\text{而是一小段曲线或直线}
\end{cases}
$$

（2）刀具静止参考系

为了确定和测量刀具角度,需要规定几个假想的基准平面,主要包括基面、切削平面、正交平面和假定工作平面,如图 2-5 所示。

图 2-5　刀具静止参考系的平面

◆ 基面过切削刃选定点,垂直于该点假定主运动方向的平面。

◆ 切削平面过切削刃上选定点,与切削刃相切,并垂直于基面的平面。

◆ 正交平面过切削刃选定点,并同时垂直于基面和切削平面的平面。

◆ 假定工作平面过切削刃上选定点,垂直于基面并平行于假定进给运动方向的平面。

（3）车刀的标注角度

刀具的标注角度是指刀具设计图样上标注出的角度,它是刀具制造、刃磨和测量

图 2-6　车刀的标注角度

的依据,并能保证刀具在实际使用时获得所需的切削角度。

车刀的标注角度主要有:前角 γ_0、后角 α_0、主偏角 κ_γ、副偏角 κ_γ' 和刃倾角 λ_s,如图 2-6所示。下面分别作一介绍。

(1)前角　在正交平面内测量的前刀面与基面的夹角。前角的选择要根据工件材料、刀具材料和加工性质来选择前角的大小。当工件材料塑性大、强度和硬度低或刀具材料的强度和韧性好或精加工时,取大的前角;反之取较小的前角。例如,用硬质合金车刀切削结构钢件,前角可取 $10°\sim20°$;切削灰铸铁件时可取 $5°\sim15°$。

(2)后角　在正交平面内测量的主后刀面与切削平面的夹角。后角的大小常根据加工的种类和性质来选择。例如,粗加工或工件材料较硬时,要求切削刃强固,后角取小值,可取 $6°\sim8°$。反之,对切削刃强度要求不高,主要希望减小摩擦和已加工表面的粗糙度值,可取稍大的值($8°\sim12°$)。

(3)主偏角　在基面内测量的主切削平面与假定工作平面间的夹角。主偏角应根据系统刚性、加工材料和加工表面形状来选择。系统刚性好时,主偏角 κ_γ 取 $45°$ 或 $60°$;系统刚性差时,κ_γ 取 $75°$ 或 $90°$。加工高强度、高硬度材料而系统刚性好时,κ_γ 取 $15°\sim30°$。车阶梯轴时,κ_γ 取 $90°$ 或 $93°$。车外圆带倒角时,κ_γ 取 $45°$。

(4)副偏角　在基面内测量的副切削平面与假定工作平面间的夹角。副偏角的大小主要根据表面粗糙度的要求来选取,一般为 $5°\sim15°$。粗加工时 κ_γ' 取较大值,精加工时 κ_γ' 取较小值。至于切断刀,因要保证刀头强度和重磨后主切削刃的宽度,κ_γ' 取 $1°\sim2°$。

(5)刃倾角　在切削平面内测量的主切削刃与基面之间的夹角。刃倾角应根据加工性质来选择。粗加工时,为了增加刀头强度,取 $\lambda_s=-5°\sim-10°$;加工不连续表面时,为了增强切削刃抗冲击能力,取 $\lambda_s=-15°\sim-20°$。精加工时,为了控制切屑流向待加工表面,取 $\lambda_s=5°\sim10°$。薄切削时,为了使切削刃锋利,取 $\lambda_s=45°\sim75°$。

3. 刀具结构

刀具的结构形式,对刀具的切削性能、切削加工的生产效率和经济效益有着重要的意义。表 2-2 为车刀的几种结构形式。

表 2-2　车刀的结构形式

结构形式	图　例	特点及应用
整体式		一般使用高速钢制造,刃口可磨得较锋利,但由于对于贵重的刀具材料消耗较大,所以主要适合于小型车床或加工非铁金属、低速切削;
焊接式		结构简单、紧凑、刚性好,而且灵活性较大,可以根据加工条件和加工要求,较方便地磨出所需的角度,应用十分普遍。然而,焊接式车刀的硬质合金刀片经过高温焊接和刃磨后,产生内应力和裂纹,使切削性能下降,对提高生产效率很不利,它可用作各类刀具,特别是小刀具;
机夹重磨式		刀片与刀柄是两个可拆开的独立元件,工作时靠夹紧元件把它们紧固在一起;它可用作外圆、断面、镗孔、切断、螺纹车刀等;

（续表）

结构形式	图 例	特点及应用
机夹可转位式		将预先加工好的有一定几何角度的多角形硬质合金刀片,用机械的方法装夹在特制的刀杆上的车刀。使用中,当一个切削刃磨钝后,只需松开刀片夹紧元件,将刀片转位,便可继续切削。其特点是:避免了因焊接而引起的缺陷,在相同的切削条件下刀具切削性能大为提高;在一定条件下,卷屑、断屑稳定可靠;刀片转位后,仍可保证切削刃与工件的相对位置,减少了调刀停机时间,提高了生产效率;刀片一般不需重磨,有利于涂层刀片的推广使用;刀体使用寿命长,可节约刀体材料及其制造费用。它是当前车刀发展的主要方向

任务二 切削加工质量

零件的加工质量包括加工精度和表面质量。其中加工精度有尺寸精度、形状精度和位置精度,表面质量的指标有表面粗糙度、表面加工硬化的程度、残余应力的性质和大小。表面质量的主要指标是表面粗糙度。

2.2.1 加工精度

加工精度是指实际零件的形状、尺寸和理想零件的形状、尺寸相符合的程度。精度的高低用公差来表示。

1. 尺寸精度

零件的尺寸要加工得绝对准确是不可能的,也是不必要的。所以,在保证零件使用要求的情况下,总是要给予一定的加工误差范围,这个规定的误差范围就叫公差。

同一基本尺寸的零件,公差值的大小就决定了零件尺寸的精确程度,公差值小的,精度高;公差值大的,精度低。这类精度叫作尺寸精度。

尺寸精度常用游标卡尺、百分尺等来检验。

2. 形状精度

随着生产的发展,对机械制造产品的要求越来越高,为了使机器零件正确装配,有时单靠尺寸精度来控制零件的几何形状已不够了,还要对零件表面的几何形状及相互位置提出技术要求。

以如图 2-7 所示 $\Phi 25^0_{-0.014}$ mm 轴为例,虽然同样保持在尺寸公差范围内,却可能加工成八种不同形状,用这八种不同形状的轴装在精密机械上,效果显然会有差别。

零件的形状精度是指同一表面的实际形状相对于理想形状的准确程度。一个零件的表面形状不可能做的绝对准确,为满足产品的使用要求,对这些表面形状要加以控制。

图 2-7 轴的形状误差示例

按照国家标准(GB 1182—1980 及 GB 1183—1980)规定,表面形状的精度用形状公差来控制。形状公差有六项,其符号见表 2-3。

表 2-3 形位公差的项目及其符号

公差		特征项目	符号	有或无基准要求
形状	形状	直线度	⎯⎯	无
		平面度	▱	无
		圆度	○	无
		圆柱度	⌭	无
形状或位置	轮廓	线轮廓度	⌒	有或无
		面轮廓度	◠	有或无
位置	定向	平行度	∥	有
		垂直度	⊥	有
		倾斜度	∠	有
	定位	位置度	⊕	有或无
		同轴(同心)度	◎	有
		对称度	═	有
	跳动	圆跳动	↗	有
		全跳动	⌰	有

形状精度通常用直尺、百分表和轮廓测量仪等来检验。

3. 位置精度

位置精度是指零件点、线、面的实际位置对于理想位置的准确程度。正如零件的表面形状不能做得绝对准确一样,表面相互位置误差也是不可避免的。

按照国家标准(GB 1182—80 及 GB 1183—80)规定,相互位置精度用位置公差来控制。位置公差有八项,其符号见表 2-3。零件技术要求部分标注示例见图 2-8。

图 2-8 轴的标注方法

位置精度常用游标卡尺、百分表和直尺来检验。

2.2.2 表面粗糙度

零件的表面有的光滑,有的粗糙。即使看起来是很光滑的表面,经过放大以后,也会发现它们是高低不平的。我们把零件表面这种微观不平度叫作表面粗糙度。表面粗糙度对零件的使用性能有很大影响。

国家标准 GB 3505—83、GB 1031—83、GB 131—83 中详细规定了表面粗糙度的各种参数及其数值、所用代号及其注法等。用轮廓算术平均偏差 R_a 值标注的表面粗糙度最为常用,共有 14 级见表 2-4。

表 2-4 表面粗糙度的各种参数及其数值、所用代号及其注法

表面	R_a	50	25	12.5	6.3	3.2	1.60	0.80
粗糙度	R_z	200	100	50	25	12.5	6.3	6.3
表面	R_a	0.40	0.20	0.100	0.050	0.025	0.012	0.008
粗糙度	R_z	3.2	1.60	0.80	0.40	0.20	0.100	0.050

检验粗糙度的方法主要有标准样板比较法(不同的加工法有不同的标准样板)、显微镜测量计算法等。在实际生产中,最常用的检测方法是标准样板比较法。比较法是将被测表面对照粗糙度样板,用肉眼判断或借助于放大镜、比较显微镜进行比较;也可以用手摸、指甲划动的感觉来判断表面粗糙度。选择表面粗糙度样板时,样板材料、表面形状及制造工艺应尽可能与被测工件相同。

任务三 金属切削机床简介

金属切削机床(习惯上简称为"机床")是用切削加工方法将金属毛坯加工成机械零

件的机器。机床是机械制造业的基本加工装备,它的品种、性能、质量和技术水平直接影响着其他机电产品的性能、质量、生产技术和企业的经济效益。机械工业为国民经济各部门提供技术装备的能力和水平,在很大程度上取决于机床的水平,所以机床属于基础机械装备。

2.3.1 机床的分类

机床的品种和规格繁多,为了便于区分、使用和管理,需对机床进行分类。目前对机床的分类方法主要有:

(1)按加工性质和使用刀具分

这是一种主要的分类方法。目前,按这种分类法我国将机床分成为十二大类,即车床、钻床、镗床、磨床、齿轮加工机床、螺纹加工机床、铣床、刨(插)床、拉床、特种加工机床、锯床及其他机床。

在每一类机床中,又按工艺范围、布局形式和结构等分为若干组,每一组又细分为若干系列。

(2)按使用万能性分

按照机床在使用上的万能性程度划分,可将机床分为:

◆ 通用机床　这类机床加工零件的品种变动大,可以完成多种工件的多种工序加工。例如卧式车床、万能升降台铣床、牛头刨床、万能外圆磨床等。这类机床结构复杂,生产率低,用于单件小批生产。

◆ 专门化机床　用于加工形状类似而尺寸不同的工件的某一工序的机床。例如凸轮轴车床、精密丝杠车床和凸轮轴磨床等。这类机床加工范围较窄,适用于成批生产。

◆ 专用机床　用于加工特定零件的特定工序的机床。例如用于加工某机床主轴箱的专用镗床、加工汽车发动机气缸体平面的专用拉床和加工车床导轨的专用磨床等,各种组合机床也属于专用机床。这类机床的生产率高,加工范围最窄,适用于大批量生产。

(3)按加工精度分

同类型机床按工作精度的不同,可分为三种精度等级,即普通精度机床、精密机床和高精度机床。精密机床是在普通精度机床的基础上,提高了主轴、导轨或丝杠等主要零件的制造精度。高精度机床不仅提高了主要零件的制造精度,而且采用了保证高精度的机床结构。以上三种精度等级的机床均有相应的精度标准,其允差若以普通精度级为1,则大致比例为 $1:0.4:0.25$。

(4)按自动化程度分

按自动化程度(即加工过程中操作者参与的程度)分,可将机床分为手动机床、机动机床、半自动化机床和自动化机床等。

(5)按机床质量和尺寸分

按机床质量和尺寸分,可将机床分为:仪表机床、中型机床(机床质量在 10 吨以下)、大型机床(机床质量为 10～30 吨)、重型机床(机床质量为 30～100 吨)、超重型机床(机床质量在 100 吨以上)。

（6）按机床主要工作部件分

机床主要工作部件数目,通常是指切削加工时同时工作的主运动部件或进给运动部件的数目。按此可将机床分为:单轴机床、多轴机床、单刀机床和多刀机床等。

需要说明的是:随着现代化机床向着更高层次发展,如数控化和复合化,使得传统的分类方法难以恰当地进行表述。因此,分类方法也需要不断的发展和变化。

2.3.2 机床的型号

机床型号是赋予每种机床的一个代号,用以简明地表示机床的类型、主要规格及有关特征等。从 1957 年开始我国就对机床型号的编制方法作了规定。随着机床工业的不断发展,至今已经修订了数次,目前是按 1994 年颁布的标准"GB/T 15375—1994"金屑切削机床型号编制方法执行,适用于各类通用、专门化及专用机床,不包括组合机床在内。此标准规定,机床型号采用汉语拼音字母和阿拉伯数字按一定规律组合而成。具体表示形式为:

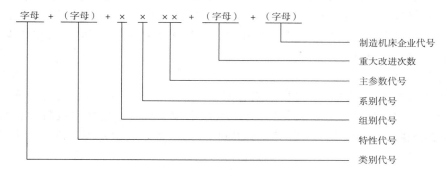

（1）别代号

机床的类别分为十二大类,分别用汉语拼音的第一个字母大写表示,位于型号的首位,表示各类机床的名称。各类机床代号见表 2-5。

表 2-5 机床类别代号

类别	车床	钻床	镗床	磨床			齿轮加工机床
代号	C	Z	T	M	2M	3M	Y
读音	车	钻	镗	磨	二磨	三磨	牙
类别	螺纹加工机床	铣床	刨插床	拉床	特种加工机床	锯床	其他机床
代号	S	X	B	L	D	G	Q
读音	丝	铣	刨	拉	电	割	其

（2）特性代号

特性代号是表示机床所具有的特殊性能,用大写汉语拼音字母表示,位于类别代号之后。特性代号分为通用特性代号、结构特性代号。

◆ 通用特性代号

当某类机床除有普通型外，还具有某些通用特性时，可用表2-6所列代号表示。

表2-6 机床通用特性代号

通用特性	高精度	精密	自动	半自动	数控	加工中心（自动换刀）	仿形	轻型	加重型	简式	柔性加工单元	数显	高速
代号	G	M	Z	B	K	H	F	Q	C	J	R	X	S
读音	高	密	自	半	控	换	仿	轻	重	简	柔	显	速

◆ 结构特性代号

为区别主参数相同而结构不同的机床，在型号中用结构特性代号表示。结构特性代号也用拼音字母大写，但无统一规定。注意不要使用通用特性的代号来表示结构特性。例如：可用 A、D、E……代号。如 CA6140 型卧式车床型号中的 A，即表示在结构上区别于 C6140 型卧式车床。

（2）别、系别代号

每类机床按用途、性能、结构相近或有派生关系分为若干组，每组又分为若干系，同一系机床的基本结构和布局形式相同。组别、系别代号位于类别代号或特性代号之后，用两位阿拉伯数字表示，第一位数字表示组别，第二位数字表示系别。机床的类、组划分见表2-7。

表2-7 机床类、组划分表

组别 \ 系别	0	1	2	3	4	5	6	7	8	9
车床 C	仪表车床	单轴自动、半自动车床	多轴自动、半自动车床	回轮、转塔车床	曲轴及凸轮轴车床	立式车床	落地及卧式车床	仿形及多刀车床	轮、轴、辊、锭及铲齿车床	其他车床
钻床 Z		坐标镗钻床	深孔钻床	摇臂钻床	台式钻床	立式钻床	卧式钻床	铣钻床	中心孔钻床	
镗床 T			深孔镗床		坐标镗床	立式镗床	卧式铣镗床	精镗床	汽车、拖拉机修理用镗床	

（续表）

系别＼组别	0	1	2	3	4	5	6	7	8	9
磨床 M	仪表磨床	外圆磨床	内圆磨床	砂轮机	坐标磨床	导轨磨床	刀具刃磨床	平面及端面磨床	曲轴、凸轮轴、花键轴及轧辊磨床	工具磨床
磨床 2M		超精机	内圆珩磨机	外圆及其他珩磨机	抛光机	砂带抛光及磨削机床	刀具刃磨及研磨机床	可转位刀片磨削机床	研磨机	其他磨床
磨床 3M		球轴承套圈沟磨床	滚子轴承套圈滚道磨床	轴承套圈超精磨床		叶片磨削机床	滚子加工机床	钢球加工机床	气门、活塞及活塞环磨削机床	汽车、拖拉机修磨机床
齿轮加工机床 Y	仪表齿轮加工机		锥齿轮加工机	滚齿及铣齿机	剃齿及珩齿机	插齿机	花键轴铣床	齿轮磨齿机	其他齿轮加工机	齿轮倒角及检查机
螺纹加工机床 S			套丝机	攻丝机			螺纹铣床	螺纹磨床	螺纹磨床	
铣床 X	仪表铣床	悬臂及滑枕铣床	龙门铣床	平面铣床	仿形铣床	立式升降台铣床	卧式升降台铣床	床身铣床	工具铣床	其他铣床
刨插床 B		悬臂刨床	龙门刨床			插床	牛头刨床		边缘及模具刨床	其他刨床
拉床 L			侧拉床	卧式外拉床	连续拉床	立式内拉床	卧式内拉床	立式外拉床	键槽及螺纹拉床	其他拉床
特种加工机床 D		超声波加工机	电解磨床	电解加工机			电火花磨床	电火花加工机		
锯床 G			砂轮片锯床		卧式带锯床	立式带锯床	圆锯床	弓锯床	锉锯床	
其他机床 Q	其他仪表机床	管子加工机床	木螺钉加工机		刻线机	切断机				

（3）参数

机床主参数表示机床规格的大小，用主参数折算值或实际值表示。常见机床的主参数及折算系数见表2-8。一般用两位数字表示，位于组别、系别代号之后。

表2-8　常见机床主参数及折算系数

机 床	主参数名称	折算系数
卧式车床	床身上最大回转直径	1/10
立式车床	最大车削直径	1/100
摇臂钻床	最大钻孔直径	1/1
卧式镗床	镗轴直径	1/10
坐标镗床	工作台面宽度	1/10
外圆磨床	最大磨削直径	1/10
内圆磨床	最大磨削孔径	1/10
矩台平面磨床	工作台面宽度	1/10
齿轮加工机床	最大工件直径	1/10
龙门铣床	工作台面宽度	1/100
升降台铣床	工作台面宽度	1/10
龙门刨床	最大刨削宽度	1/100
插床及牛头刨床	最大插削及刨削长度	1/10
拉床	额定拉力（t）	1/1

（5）重大改进次数

当机床的结构和性能有重大改进和提高，并且按新产品中心设计、试制和鉴定时，可按字母 A、B、C……的顺序选用，加在型号的尾部，以区别于原机床型号。

例如：

```
M  B  G  1  4  32
               主参数代号：最大磨削直径为320mm
               系别代号：万能外圆磨床系
               组别代号：外圆磨床组
               通用特性代号：高精度
               通用特性代号：半自动
               类别代号：磨床类
```

但是，对于已定型，并按过去机床型号编制方法确定型号的机床，其型号不改变，故有些机床仍用原型号。如：C616、X62W、B665 等。老型号与现行的机床型号编制方法的区别是：

◆ 老型号中没有组与系的区别，故只用一位数字表示组别。

◆ 主要参数表示法不同。如老型号中车床用中心高表示；铣床用工作台的编号表示，X62W 中的"2"表示 2 号工作台（1250×320mm）。

◆ 老型号的重大改进次数用数字表示，如 C620－1。

2.3.3 机床的组成

1. 机床的基本组成

由于机床运动形式、刀具及工件类型的不同，机床的构造和外形有很大区别。但归纳起来，各种类型的机床都应有以下几个主要部分组成。

◆ 主传动部件 用来实现机床主运动的部件，它形成切削速度并消耗大部分动力。例如带动工件旋转的车床主轴箱；带动刀具旋转的钻或铣床的主轴箱；带动砂轮旋转的磨床砂轮架；刨床的变速箱等。

◆ 进给传动部件 用来实现机床进给运动的部件，它维持切削加工连续不断地进行。例如车床的进给箱、溜板箱；钻床和铣床的进给箱；刨床的进给机构；磨床工作台的液压传动装置等。

◆ 工件安装装置 用来安装工件。例如车床的卡盘和尾座；钻床、刨床、铣床、平面磨床的工作台；外圆磨床的头架和尾座等。

◆ 刀具安装装置 用来安装刀具。例如车床、刨床的刀架；钻床、立式铣床的主轴，卧式铣床的刀杆轴，磨床的砂轮架主轴等。

◆ 支承件 机床的基础部件，用于支承机床的其他零部件并保证它们的相互位置精度。例如各类机床的床身、立柱、底座、横梁等。

◆ 动力源 提供运动和动力的装置，是机床的运动来源。普通机床通常采用三相异步电机作动力源（不需对电机调整，连续工作）；数控机床的动力源采用的是直流或交流调速电机、伺服电机和步进电机等（可直接对电机调速，频繁启动）。

2. 机床的传动的组成

在机床上进行切削加工时，经常需要改变工件和刀具的运动方式。为了实现加工过程中所需的各种运动,机床通过自身的各种机械、液压、气动、电气等多种传动机构,把动力和运动传递给工件和刀具,其中最常见的是机械传动和液压传动。

机床的各种运动和动力都来自动力源,并由传动装置将运动和动力传递给执行件来完成各种要求的运动。因此,为了实现加工过程中所需的各种运动,机床必须具备三个基本部分。

◆ 执行件 执行机床运动的部件,通常指机床上直接夹持刀具或工件并实现其运动的零、部件。它是传递运动的末端件,其任务是带动工件或刀具完成一定形式的运动(旋转或直线运动)和保持准确的运动轨迹。常见的执行件有主轴、刀架、工作台等。

◆ 动力源提供运动和动力的装置,是执行件的运动来源(也称为动源)。普通机床通常都采用三相异步电机作动源(不需对电机调整,连续工作);数控机床的动源采用的是直流或交流调速电机、伺服电机和步进电机等(可直接对电机调速,频繁启动)。

◆ 传动装置 传递运动和动力的装置。传动装置把动力源的运动和动力传给执行件,同时还完成变速、变向、改变运动形式等任务,使执行件获得所需要的运动速度、运动方向和运动形式。传动装置把执行件与动力源或者把有关执行件之间连接起来,构成传动系统。机床的传动按其所用介质不同,分为机械传动、液压传动、电气传动和气压传动等,这些传动形式的综合运用体现了现代机床传动的特点。

项目思考题

1. 试分析下列加工方法的主运动和进给运动。

1 在车床上钻孔　　　　　(2)在钻床上钻孔　　　　　(3)在牛头刨床上刨平面

(4)在铣床上铣平面　　　　(5)在外圆磨床上磨外圆

2. 刀具材料应具备哪些性能? 试举例说明刀具材料如何选择。

a)画图表示下列刀具的前角、后角、主偏角、副偏角和刃倾角。

(1)外圆车刀　　　　　　(2)端面车刀　　　　　　(3)切断刀

b)常用量具有哪几种? 试选择测量下列已加工工件尺寸的量具。

(1)$\Phi 30$　　　　　　(2)$\Phi 25 \pm 0.1$　　　　　(3)$\Phi 35 \pm 0.01$

c)游标卡尺和百分尺测量准确度是多少? 怎样正确使用?

d)零件的加工质量包含哪些方面的内容?

e)解释下列机床型号:

(1)CA6132A　　　　　　(2)X5032　　　　　　(3)Z5125A

(4)MM7132A　　　　　　(5)B6050

f)机床主要由哪几部分组成? 各自的功用如何?

项目三　锻压

实训目的与要求

(1)了解锻压生产的工艺过程、特点及应用。

(2)了解锻造生产过程,了解加热设备的种类及使用。

(3)了解自由锻的设备及工具,熟悉自由锻的基本工序,并能独立操作。

(4)了解胎膜锻与自由锻的区别。

(5)了解板料冲压的特点、应用范围及其工序。

(6)熟悉冲压模的组成及分类。

(7)了解锻压件质量控制与检验。

安全操作规程

1. 自由锻安全知识

(1)工作前必须检查设备及工具有无松动、开裂现象。

(2)选择夹钳必须使钳口与锻坯形状相适应,以保证坯料夹持牢固、可靠。

(3)掌钳时应握紧夹钳柄部,并将钳柄置于身体旁侧,严禁钳柄或其他带柄工具的尾部正对人体或将手指放入钳股之间。

(4)锻打时,坯料应放在下砧块的中部,锻件及垫铁等工具必须放正、放平,以防工具受力后飞出伤人。

(5)踩锻锤脚踏杆时,脚跟不许悬空,以保证操作者身体稳定、操作自如。非锤击时,应随即将脚离开脚踏杆,以防误踏失事。

(6)两人或多人配合操作时,必须分工明确、协调配合,听从掌钳人的统一指挥,以避免动作失误。锻锤冲孔或切割时,司锤者应听从掌剁刀或夹冲头者的指挥。

(7)严禁用锤头空击下砧块,不许锻打过烧、过冷锻件,以免金属迸溅或锻件飞出伤人。

(8)在下砧块上放置或移出工具,清理氧化皮时,必须使用夹钳、扫帚等工具,严禁用手直接伸入上下砧块的工作面内取拿物品。

2. 板料冲压安全知识

(1)开车前应检查设备主要紧固件有无松动、模具有无裂纹以及运动系统的润滑情况,并开空车试几次。

（2）安装模具必须将滑块降至下极点，仔细调节闭合高度及模具间隙，模具紧固后进行点冲或试冲。

（3）当滑块向下运动时，严禁徒手拿工具伸进模具内。小件一定要用专门工具进行操作。模具卡住工件时，只许用工具解脱。

（4）发现冲床运转异常时，应停止送料，查找原因。每完成一次行程后，手或脚必须及时离开按钮或踏脚板，以防连冲。

（5）装拆或调整模具应停机进行。

（6）两人以上共同操作时应由一人专门控制踏脚板，踏脚板上应有防护罩，或将其放在安全处，工作台上应清除杂物，以免杂物坠落于踏脚板上造成误冲事故。

（7）操作结束时，应切断电源，使滑块处于低位置（模具处于闭合状态），然后进行必要的清理。

项目知识点

金属压力加工是借助外力的作用，使金属坯料产生塑性变形，从而获得具有一定形状、尺寸和力学性能的原材料、毛坯或零件的加工方法。

经压力加工制造的零件或毛坯同铸件相比具有以下特点：

◆ 改善金属的组织、提高力学性能。金属材料经锻压加工后，其组织、性能都得到改善和提高，锻压加工能消除金属铸锭内部的气孔、缩孔和树枝状晶等缺陷，并由于金属的塑性变形和再结晶，可使粗大晶粒细化，得到致密的金属组织，从而提高金属的力学性能。在零件设计时，若正确选用零件的受力方向与纤维组织方向，可以提高零件的抗冲击性能。

◆ 除自由锻造外，生产率都比较高，因为压力加工一般是利用压力机和模具进行成形加工的。例如，利用多工位冷镦工艺加工内六角螺钉，比用棒料切削加工工效提高约400倍以上。

◆ 不适合成形形状较复杂的零件。锻压加工是在固态下成形的，与铸造相比，金属的流动受到限制，一般需要采取加热等工艺措施才能实现。对制造形状复杂，特别是具有复杂内腔的零件或毛坯较困难。

因此压力加工主要用于制造各种重要的、受力大的机械零件或工具的毛坯，或制造薄板构件，也可用于生产型材。

压力加工方式很多，主要有轧制、挤压、拉拔、自由锻、模锻和板料冲压等。轧制、挤压、拉拔一般用来制造常用金属材料的板材、管材、线材等原材料；锻造主要用来制造承受重载荷的机器零件的毛坯，如机器的主轴、重要齿轮等；而板料冲压广泛用于制造电器、仪表零件等。

任务一 锻造生产过程

利用冲击力或压力使金属在砧铁间或锻模中变形，从而获得所需形状和尺寸的锻件,这类工艺方法称为锻造。锻造是金属零件的重要成型方法之一。

锻造生产过程主要包括下料→加热→锻打成形→冷却→热处理等。

3.1.1　下料

下料是根据锻件的形状、尺寸和重量从选定的原材料上截取相应的坯料。

锻造是通过金属的塑性变形来获得所需要的锻件的,因此用于锻造的金属材料应具有良好的塑性,以便在锻造时能产生较大的塑性变形而不被破坏。锻造最常用的金属材料是碳素钢。通常将碳素钢轧制成各种形状和规格的型材或板材。锻造中、小型锻件时,常采用圆钢和方钢作为原材料,用剪、锯或氧气切割等方法进行下料。板料冲压时,多以低碳钢薄板作为原材料,用剪床下料。只有制造受力大或有特殊性能要求的重要零件时,才采用合金钢作为原材料进行锻造。

3.1.2　加热

1. 加热的目的及锻造温度范围

金属的加热在锻造生产过程中是一个重要的环节,它直接影响着生产率、产品质量及金属的有效利用等,其目的是提高塑性、降低变形抗力,以改善金属的锻造性能。

对金属加热的要求是:在坯料均匀热透的条件下,能以较短的时间获得加工所需的温度,同时保持金属的完整性,并使金属及燃料的消耗最少。其中重要内容之一是确定金属的锻造温度范围,即合理的始锻温度和终锻温度。

始锻温度即开始锻造温度,原则上要高,但要有一个限度,如超过此限度,则将会使钢产生氧化、脱碳、过热和过烧等加热缺陷。终锻温度即停止锻造温度,原则上要低,但不能过低,否则金属将产生加工硬化,使其塑性显著降低,而强度明显上升,锻造时费力,对高碳钢和高碳合金工具钢而言甚至打裂。常用材料的锻造温度范围见表3-1。

表3-1　常用材料锻造温度范围

材料种类	始锻温度/℃	终锻温度/℃
低碳钢	1200～1250	800
中碳钢	1150～1200	800
合金结构钢	1100～1180	850
铝合金	450～500	350～380
铜合金	800～900	650～700

锻造时金属的温度可用仪表来测量,也常用观察火色的方法来判断。钢的温度与火

色的关系如下：

温度/℃	1300	1200	1100	900	800	700
火色	白色	亮黄	黄色	樱红	赤红	暗红

3.1.3　加热设备

根据热源的种类不同，用来加热金属坯料的设备可分为火焰炉和电炉两大类。前者用煤、重油或煤气作燃料燃烧时放出的热加热坯料，后者是利用电能转变热能加热金属。

1. 手锻炉

最简单的火焰炉是手锻炉。手锻炉的结构简单，体积小，升温快，生火、停炉方便。但炉膛不密封，热量损失大，氧化烧损严重，热效率低，炉温不易调节，且不稳定，加热温度不均匀，故常用于单件小批生产锻造小坯料或维修工作。

2. 反射炉

反射炉是以煤为原料的火焰加热炉，其结构如图 3-1 所示。燃烧室中产生的火焰和炉气越过火墙进入炉膛加热坯料，其温度可达 1350℃。废气经烟道排出，坯料从炉门装入或取出。使用反射炉，金属坯料不与固体燃料直接接触，加热均匀，且可以避免坯料受固体燃料的污染，同时炉膛封闭，热效率高，适合中、小批量生产的锻造车间用。

手锻炉和反射炉因燃煤对环境有严重污染，应限制使用并逐步淘汰。

图 3-1　反射炉的结构和工作原理

3. 油炉和煤气炉

油炉和煤气炉是分别以重油和煤气为燃料加热金属的加热设备，其结构基本相同，都没有专门的燃烧室，但喷嘴在结构上有所不同，如图 3-2 所示。加热时，利用压缩空气将重油或煤气由喷嘴直接喷射到加热室（即炉膛）内进行燃烧而加热坯料，生产的废气由烟道排出。调节重油或煤气及压缩空气的流量，可调节炉膛温度，其操作比反射炉简单，加热效率高，对环境污染较小。

图 3-2 油炉和煤气炉示意图

4．电阻炉

电阻炉是利用电阻发热体通电,将电能转变为热能,以辐射传热的方式加热坯料的设备。电阻炉操作简单,温度控制准确,加热质量高,且可通入保护性气体控制炉内气氛,以防止或减少工件加热时的氧化,对环境无污染。但耗电多,费用较高,主要用于精密锻造及高合金钢、有色金属等加热质量要求高的场合。

此外,还有盐浴炉、感应加热装置等加热设备。

图 3-3 箱式电阻炉

3.1.4 锻件的冷却

锻件的冷却是保证锻件质量的重要环节。常用的冷却方式有:

◆ 空冷 热态锻件在空气中冷却的方法称为空冷,是冷却速度较快的一种冷却方法。

◆ 坑冷 在充填有石棉灰、沙子或炉灰等保温材料的坑中或箱中冷却的方法称为坑冷,其冷却速度较空冷慢。

◆ 炉冷 在 500～700℃ 的加热炉或保温炉中随炉冷却的方法称为炉冷,其冷却速度较坑冷慢。

锻件的冷却方法要根据其化学成分、尺寸、形状复杂程度等确定。一般来说,低、中碳钢小型锻件锻后常采用空冷;低合金钢锻件及截面厚大的锻件需采用坑冷;高合金钢锻件及大型锻件,尤其是形状复杂的重要大型锻件的冷却速度更要缓慢,应采用炉冷。

冷却方式选择不当,会使锻件产生内应力、变形及裂纹,冷却速度过快还会使锻件表面产生硬皮,难以切削加工。

3.1.5　锻后热处理

生产中,锻件在切削加工前通常都要进行热处理,以获得较好的切削加工性能。具体的热处理方法和工艺要根据锻件的材料种类和化学成分确定。一般的结构钢锻件采用退火或正火处理,工具钢、模具钢锻件则采用正火加球化退火处理。调质处理常用于中碳钢或合金结构钢锻件的粗加工与半精加工之间,使材料获得好的综合力学性能,有利于切削加工的继续进行。

任务二　自由锻和胎模锻

自由锻是利用冲击力或压力使金属在上下两抵铁之间产生变形,从而得到所需形状及尺寸的锻件的方法。金属受力时的变形是在上下两抵铁平面间作自由流动,所以称之为自由锻。

自由锻可分为手工锻造和机器锻造两种,前者只能生产小型锻件,后者是自由锻造的主要方式。自由锻具有以下特点:

◆ 所用工具简单,通用性强,灵活性大,因此适合单件小批生产锻件。

◆ 精度差,生产率低,工人劳动强度大,对工人技术水平要求高。

◆ 自由锻可生产不到 1kg 的小锻件,也可生产 300t 以上的重型锻件,适用范围广。对大型锻件,自由锻是唯一的锻造方法。

3.2.1　自由锻的设备和工具

1. 自由锻工具

常用自由锻工具包括支持工具、打击工具、夹持工具、成形工具及测量工具等。

(1)支持工具　根据锻件尺寸、形状不同,需采用不同形式的铁砧。常见的铁砧有平砧、槽砧、花砧和球面砧等。平砧及花砧如图 3-4 所示。

a)羊角砧　　　　　b)双角砧　　　　　c)花砧

图 3-4　铁砧

（2）**打击工具**　手工锻的打击工具即大小铁锤,如图 3-5 所示。锤柄与锤头的安装要牢固,操作站位要正确。工作时,司锤要听从掌钳者指挥,否则容易出现各种事故。

a）各种手锤　　　　　　　　　　　　b）各种大锤

图 3-5　铁锤

（3）**夹持工具**　选用夹钳时,钳口必须与锻件毛坯的形状和尺寸相符合,否则在锤击时造成锻件毛坯飞出或震伤手臂等事故。常见的钳口形式如图 3-6 所示。操作过程中,钳口需常浸水冷却,以免钳口变形或钳把烫手。

图 3-6　各种夹钳

（4）**成形工具**　成形工具包括各种平锤、压肩、剁刀、冲子、剁垫、漏盘等,见表 3-2。

（5）**测量工具**　自由锻造时需要不断测量锻件尺寸。常用的测量工具有卡钳、直尺、样板等。

表 3-2　常用成形工具

类别	名称	图示	应用及说明
手锻 成形工具	平锤		修正平面
	压肩	上　下	压肩、整形
	剁刀	外刃 内刃	切断、去毛刺
	冲子		冲孔

（续表）

类别	名称	图示	应用及说明
机器锻造成形工具	冲子		冲孔
	剁刀		切割
	剁垫		切割圆料时用
	垫环		局部镦粗
	漏盘		冲孔时用

2. 空气锤

机器自由锻设备有空气锤、蒸汽－空气锤和液压机三种，其中空气锤应用最为广泛。空气锤是生产小型锻件及胎模锻的通用设备，主要用于单件小批生产。空气锤的外形及工作原理如图3－7所示。

图3－7　空气锤

空气锤的结构及工作原理如图3－7所示。空气锤由锤身、压缩缸、工作缸、传动机构、操纵机构、落下部分及砧座等几个部分组成。锤身和压缩缸及工作缸铸成一体。传动机构包括电动机、减速机构及曲柄、连杆等。操纵机构包括手柄（或踏杆）、旋阀及其连接杠杆。落下部分包括工作活塞、锤杆、锤头和上抵铁等。落下部分的重量也是锻锤的主要规格参数。例如,65kg 空气锤,就是指落下部分为 65kg 的空气锤,是一种小型的空气锤。

空气锤的工作原理是电动机通过传动机构带动压缩缸内的压缩活塞做上下往复运动,将空气压缩,并经上旋阀或下旋阀进入工作缸的上部或下部,推动工作活塞向下或向上运动。通过手柄或踏杆操纵上、下旋阀旋转到一定位置,可使锻锤实现以下动作:

◆ **锤头上悬**　将手柄放在上悬位置,此时工作缸上部和压缩缸上部都经上旋阀与大气连通,压缩缸下部的压缩空气只能经下旋阀进入工作缸的下部。下旋阀内有一个逆止阀,可防止压缩空气倒流,使锤头保持在上悬的位置。锤头上悬时,可在锤头间进行各种辅助性操作,如更换工具、摆放工件、清除氧化铁皮和检查锻件尺寸等。

◆ **锤头下压**　将手柄放在下压位置,此时压缩缸上部和工作缸下部与大气相通,压缩空气由压缩缸下部经逆止阀和中间通道进入工作缸的上部,使锤头在自重和工作缸上部压缩空气的作用下向下压紧锻件,进行弯曲、扭转等操作。

◆ **连续打击**　将手柄放在连续打击位置,此时压缩缸和工作缸都不与大气相通,而压缩缸的上部和下部分别通过上、下旋阀与工作缸的上部和下部直接连通。压缩缸内的压缩活塞往复运动所产生的压缩空气,交替不断地压入工作缸的上部和下部,推动锤头上、下往复运动(此时逆止阀不起作用),进行连续锻打。

◆ **单次打击**　将手柄由上悬位置推到连续打击位置,打击一次后,再迅速地退回到上悬位置,就能实现单次打击。初学者不易掌握单次打击,动作稍有迟缓,单次打击就会成为连续打击。此时,务必等锤头停止打击后才能转动或移动锻件。

◆ **空转**　将手柄放在空转位置,此时压缩缸和工作缸的上部和下部都与大气相通,压缩空气不进入工作缸而直接排到大气中,锤的落下部分在其自重的作用下,自由落在下砧上停止不动。此时电动机和减速传动机构空转,锻锤不工作。

3.2.2　自由锻工序

各种类型的锻件都得采用不同的锻造工序来完成。自由锻工序可分为基本工序、辅助工序和精整工序三大类。基本工序是使金属产生一定程度的塑性变形,以达到所需形状及尺寸的工序,主要包括镦粗、拔长、冲孔、扩孔、弯曲、扭转、错移和切割等八大工序。辅助工序是为基本工序操作方便而进行的预先变形,如压钳口、压钢锭棱边、压肩等。精整工序是在完成基本工序之后,用以提高锻件尺寸及位置精度的工序,如校正、滚圆、平整等。一般在终锻温度以下进行。

下面主要介绍实际生产中最常用的镦粗、拔长、冲孔等三种工序。

1. 镦粗

使坯料高度减小、横截面积增大的锻造工序称为镦粗。镦粗分为完全镦粗和局部镦粗两种。完全镦粗是整个坯料高度都镦粗,常用来制作高度小、断面大的锻件,如齿轮毛坯、圆盘等。局部镦粗只是在坯料上某一部分进行镦粗,经常使用垫环镦粗坯料某个局部,常用于制作带凸缘的盘类锻件或带较大头部的杆类锻件等。其操作工艺要点如下:

◆ **坯料尺寸**　为使镦粗顺利进行,坯料的高径比,即坯料的原始高度 H_0 与直径 D_0

之比,应小于 2.5~3。局部镦粗时,漏盘以上镦粗部分的高径比也要满足这一要求。高径比过大,则易将坯料镦弯。发生镦弯现象时,应将坯料放平,轻轻锤击矫正。

◆ 坯料加热　镦粗时,坯料加热要均匀,且应不断翻转坯料,使其两端散热情况相近,否则会因变形不均匀而产生碗形。

◆ 防止镦歪　坯料的端面要平且垂直于轴线,镦粗时还应不断地将坯料绕其轴线转动,否则会产生镦歪的现象。矫正镦歪的方法时将坯料斜立,轻打镦歪的斜角,然后放正,继续锻打。

◆ 防止折叠　镦粗时,终锻温度不能过低,锤击力要足够,否则就可能产生双鼓形,若不及时纠正,会出现折叠,使锻件报废。

◆ 漏盘　局部镦粗时,要选择或加工合适的漏盘。漏盘要有 5°~7° 的斜度,漏盘的上口部位应采取圆角过渡。

2. 拔长

使坯料的横截面积减小、长度增加的锻造工序称为拔长。拔长可分为平砧拔长和芯棒拔长两种。在平砧上拔长主要用于长度较大的轴类锻件。芯棒拔长是空心毛坯中加芯棒进行拔长以减小空心毛坯外径(即壁厚)而增加其长度的锻造工序,用于锻造长筒类锻件。其操作工艺要点如下:

◆ 送进　锻打过程中,坯料应沿抵铁宽度方向(横向)送进,每次送进量不宜过大,以抵铁宽度的 0.3~0.7 倍为宜(如图 3-8a)。送进量过大,金属主要沿坯料宽度方向流动,反而降低延伸效率,如图 3-8b 所示。送进量太小,又容易产生夹层,如图 3-8c 所示。

a) 送进量合适　　　　b) 送进量太大　　　　c) 送进量太小

图 3-8　拔长时的送进方向和送进量

◆ 锻打　将圆截面的坯料拔长成直径较小的圆截面时,必须先把坯料锻成方形截面,在拔长到边长接近锻件的直径时,再锻成八角形,最后打成圆形。

◆ 翻转　拔长时,应不断翻转坯料,使坯料截面经常保持接近于方形。翻转方法如图 3-9 所示。采用图 3-9b 的方法翻转时,应注意工件的宽度与厚度之比不要超过2.5,否则再次翻转后继续拔长将容易形成折叠。

◆ 压肩　局部拔长锻造台阶轴或带台阶的方形、矩形横截面锻件时,必须先压肩,使台阶平齐。压肩深度为台阶高度的 1/2~1/3。

◆ 修整　锻件拔长后需进行修整,以使其尺寸准确、表面光洁。方形或矩形截面的锻件修整时,将工件沿下抵铁长度方向送进,以增加锻件与抵铁间的接触长度。修整时

图 3-9 翻转方法

应轻轻锤击,可用钢直尺的侧面检查锻件的平直度及表面是否平整。圆形截面的锻件使用摔子修整。

3. 冲孔

在坯料上冲出通孔或不通孔的工序称为冲孔。冲孔主要用于锻制圆环、套筒、空心轴等带孔的锻件。冲孔分双面冲孔和单面冲孔,如图 3-10、图 3-11 所示。单面冲孔适用于坯料较薄场合。其操作工艺要点如下:

◆ 冲孔前,坯料应先镦粗,以尽量减小冲孔深度。

◆ 为保证孔位正确,应先试冲,即用冲子轻轻压出凹痕,如有偏差,可加以修正。

◆ 冲孔过程中应保证冲子的轴线与锤杆中心线(即锤击方向)平行,以防将孔冲歪。

◆ 一般锻件的通孔采用双面冲孔法冲出,即先从一面将孔冲至坯料厚度 3/4~2/3 的深度再取出冲子,翻转坯料,从反面将孔冲透。

◆ 为防止冲孔过程中坯料开裂,一般冲孔孔径要小于坯料直径的 1/3。大于坯料直径的 1/3 的孔,要先冲出一较小的孔。然后采用扩孔的方法达到所要求的孔径尺寸。

图 3-10 双面冲孔   图 3-11 单面冲孔

3.2.3 胎模锻

胎模锻是在自由锻设备上使用胎模生产模锻件的方法。通常用自由锻方法使坯料初步成型,然后放在胎模中终锻成型。胎模锻所用设备为自由锻设备,不需较贵重的模锻设备,且胎模一般不固定在锤头和砧座上,结构比固定式锻模简单。因此,胎模锻在没有模锻设备的中小型工厂得到广泛的应用,且最适合于几十件到几百件的中小批量生产。

胎模锻与自由锻相比,能提高锻件质量,节省金属材料,提高生产率,降低锻件成本等。而与其他模锻相比,它不需要较贵重的专用模锻设备,锻模简单,但锻件质量稍差、工人劳动强度大、生产率偏低、胎模寿命短等。

任务三　板料冲压

板料冲压是利用冲模使板料产生分离或变形,从而获得毛坯或零件的压力加工方法。板料冲压通常是在冷态下进行的,故又称之为冷冲压。只有当板料厚度超过 $8 \sim 10mm$ 时才采用热冲压。

板料冲压所用的原材料,特别是制造中空杯状和弯曲件、钩环状等成品时,必须具有足够的塑性。常用的金属材料有低碳钢、高塑性的合金钢、铜、铝镁及其合金等。对非金属材料如石棉板、硬橡皮、绝缘纸等,亦广泛采用冲压加工方法。

3.3.1　冲压设备

板料冲压的设备有很多,概括起来可分为剪床和冲床两大类。

1. 剪床

剪床的用途是将板料切成一定宽度的条料,以供下一步冲压工序之用。在生产中常用的剪床有斜刃剪(剪切宽而薄的条料)、平刃剪(剪切窄而厚的板料)和圆盘剪(剪切长的条料或带料)等。

斜刃剪床的传动机构如图 3-12 所示。电动机带动带轮使轴转动,再经过齿轮及离合器带动曲轴转动,曲轴又通过曲柄连杆带动装有上刀刃的滑块沿导轨作上下运动,与装在工作台上的下刀刃相配合,进行剪切。制动器的作用是使上刀刃剪切后停在最高位置,为下次剪切做好准备。刀片刃口斜度一般为 $2° \sim 8°$。

图 3-12　剪床传动示意图

2. 冲床

除剪切工作外,冲压工作主要在冲床上进行。冲床有开式和闭式两种。

图 3-13 为双柱可倾斜开式曲柄压力机的外形和传动示意图。这种曲柄压力机可以后倾,使冲下的冲件能掉入压力机后面的料箱中。工作时,电动机通过 V 带驱动中间轴上小齿轮带动空套在曲轴上的大齿轮(飞轮),通过离合器带动曲轴旋转。再经连杆带动滑块上下运动。连杆的长度可以调节,以调整压力机的闭合高度。冲模的上模装在滑块上,下模固定在工作台上。当踏下脚踏板时,通过杠杆使曲轴上离合器与大齿轮接上,滑块向下运动进行冲压。当放开脚踏板时,离合器脱开,制动器使滑块停在上止点位置。由于曲轴的曲拐半径是固定的,所以曲柄压力机的行程是不能调节的。双柱可倾斜开式曲柄压力机工作时,冲压的条料可前后送料,也可左右送料,因此使用方便。但床身是开式的悬臂结构,其刚性较差,所以只能用于冲压力 1000kN 以下的中、小型压力机。中、大型的压力机需采用闭式结构,其传动情况与开式相似。

a) 外形   b) 传动结构示意图

图 3-13 双柱可倾斜开式曲柄压力机

3.3.2 基本工序

板料冲压的基本工序又分离工序和变形工序两大类。分离工序是使坯料的一部分与另一部分相互分离的工序,如冲孔、落料、切断和修整等;变形工序是使坯料的一部分相对于另一部分产生位移而不破裂的工序,如拉伸、弯曲、翻遍、收口和胀形等。

常用的冲压工序见表 3-3。

表 3-3　板料冲压常见基本工序

工序名称		定义	简图	应用举例
分离工序	剪切	用剪床或冲模沿不封闭的曲线或直线切断;		用于下料或加工形状简单的平板零件,如冲制变压器的矽钢片芯片;
	落料	用冲模沿封闭轮廓曲线或直线将板料分离,冲下部分是成品,余下部分是废料;		用于需进一步加工时的下料或直接冲制出工件;
	冲孔	用冲模沿封闭曲线或直线将板料分离,冲下部分是废料,余下部分是成品;		用于需进一步加工时的前工序或冲制带孔零件;
变形工序	弯曲	用冲模或折弯机将坯料的一部分相对另一部分弯成一定角度;		制板材角钢料和制各种板料箱柜的边框;
	拉深	将冲裁后得到的平板坯料制成杯形或盒形零件,而厚度基本不变的加工工序;		制各种碗、锅、盆、易拉罐身和汽车油箱等金属日用品;
	翻边	在带孔的平坯料上用扩孔的方法获得凸缘的工序;		制造带有凸缘或具有翻边的冲压件

3.3.3　冲模

冲模的结构合理与否对冲压件质量、生产率及模具寿命等都有很大影响。冲模可分为简单模、连续模和复合模三种。

1. 简单模

在冲床的一次冲程中只完成一个工序的冲模称为简单模。如图 3-14 所示为简单落料模。凹模用压板固定在下模板上,下模板用螺栓固定在冲床的工作台上。凸模用压板固定在上模板上,上模板则通过模柄与冲床的滑块连接。为了使落料凸模能精确对准凹模孔,并保持间隙均匀,通常设置有导柱和导套。条料在凹模上沿两个导板之间送进,碰到定位销为止。凸模冲下的零件(或废料)进入凹模孔落下,而条料则夹住凸模并随凸模一起回程向上运动。条料碰到卸料板时(固定在凹模上)被推下。

2. 连续模

在冲床的一次冲程中,在模具的不同位置上同时完成数道工序的模具称为连续模,如图3-15所示为一冲孔落料连续模。工作时,上模板向下运动,定位销进入预先冲出的孔中使坯料定位,落料凸模进行落料,冲孔凸模同时进行冲孔。上模板回程中卸料板推下废料,再将坯料送进(距离由挡料销控制)进行第二次冲裁。连续模可以安排很多冲压工序,生产率很高,在大批、大量生产中冲压复杂的中、小件用得很多。

3. 复合模

在冲床的一次冲程中,在模具同一部位同时完成数道工序的模具称为复合模。图3-16所示为一落料拉深复合模。复合模的最突出的特点是模具中有一个凸凹模。它的外圆是落料凸模刃口,内孔则成为拉深凹模。当滑块带着凸凹模向下运动时,条料首先在凸凹模和落料凹模中落料。落料件被下模当中的拉深凸模顶住。滑块继续向下运动时,凸凹模随之向下运动进行拉深。顶出器和卸料器在滑块的回程中把拉深尖顶出,完成落料和拉深两道工序。复合模一般只能同时完成2~4道工序,但由于这些工序在同一位置上完成,没有连续模上条料的定位误差,所以冲件精度更高。因此,复合模主要用于产量大、精度要求较高的冲压件生产。

为了进一步提高冲压生产率和保证安全生产,可在冲模上或冲床上安装自动送料装置,它特别适合于大批量生产。单件小批生产实现冲压自动化可采用数控冲床,根据产品图纸和排样方案事先编好程序,用数字程序控制使坯料在纵向和横向自动送料,进行冲压。

任务四 锻压件质量控制与检验

3.4.1 加热缺陷及其防止

加热对锻件质量有很大影响,加热不当可能产生多种缺陷。常见的加热缺陷有氧化、脱碳、过热、过烧、加热裂纹等。

1. 氧化

钢料表面的铁和炉气中的氧化性气体发生化学反应,生成氧化皮,这种现象称为氧化。氧化造成金属烧损,每加热一次,坯料因氧化的烧损量约占总质量的2%~3%。严重的氧化会造成锻件表面质量下降,模锻时还会加剧锻模的磨损。减少氧化的措施是在保证加热质量的前提下,应尽量采用快速加热,并避免坯料在高温下停留时间过长。此外还应控制炉气中的氧化性气体,如严格控制送风量或采用中性、还原性气体加热。

2. 脱碳

加热时,金属坯料表层的碳在高温下与氧或氢产生化学反应而烧损,造成金属表层碳分的降低,这种现象称为脱碳。脱碳后,金属表层的硬度与强度会明显降低,影响锻件质量。减少脱碳的方法与减少氧化的措施相同。

3. 过热

当坯料加热温度过高或高温下保持时间过长时,其内部组织会迅速变粗,这种现象称为过热。过热组织的力学性能变差,脆性增加,锻造时易产生裂纹,所以应当避免产生。如锻后发现过热组织,可用热处理(调质或正火)方法使晶粒细化。

4. 过烧

当坯料的加热温度过高到接近熔化温度时,其内部组织间的结合力将完全失去,这时坯料锻打会碎裂成废品,这种现象称为过烧。过烧的坯料无法挽救,避免发生过烧的措施是严格控制加热温度和保温时间。

5. 裂纹

对于导热性较差的金属材料如采用过快的加热速度,将引起坯料内外的温差过大,同一时间的膨胀量不一致而产生内应力,严重时会导致坯料开裂。为防止产生裂纹,应严格制定和遵守正确的加热规范(包括入炉温度、加热速度和保温时间等)。

3.4.2 自由锻件常见缺陷及产生原因(表3-4)

表3-4 自由锻件常见缺陷及产生原因

缺陷名称		产生原因
横向裂纹	表面横向裂纹	(1)原材料质量不好;(2)拔长时进锤量过大;
	内部横向裂纹	(1)加热速度过快;(2)拔长时进锤量太小;
纵向裂纹	表面纵向裂纹	(1)原材料质量不好;(2)倒棱时压下量过大;
	内部纵向裂纹	(1)对钢锭拔长或二次缩孔切头不足;(2)加热速度快,内外温差大;(3)变形量过大;(4)对低塑性材料进锤量过大;(5)同一部位反复翻转拔长;
表面龟裂		始锻温度过高;
局部粗晶		(1)加热温度高;(2)变形不均匀;(3)局部变形程度(锻造比)太小;
表面折叠		(1)平砧圆角过小;(2)进锤量小于压下量;
中心偏移		(1)加热温度不均匀;(2)操作压下量不均;
力学性能不能满足要求	强度指标不合格	(1)炼钢配方不符合质量要求;(2)热处理不当;
	横向力学性能不合格	(1)冶炼杂质太多;(2)锻造比不够

3.4.3　冲压件常见缺陷及产生原因(表3-5)

表3-5　冲压件常见缺陷及产生原因

冲压件类型	废品和缺陷的主要形式	产生原因
冲裁件	毛刺太大	(1)凸模或凹模的刃口变钝;(2)凸模和凹模间的间隙值大于或小于相应材料的正常间隙值;
	形状不正确	(1)定位销安装不正确;(2)所用材料太宽或太窄;(3)条料发生弯曲;
弯曲件	尺寸不合格	模具设计与制造时角度补偿不足;
	表面压伤	所用材料太软;
	裂纹	(1)弯曲半径太小;(2)板料纤维方向与弯曲时的拉伸方向垂直;(3)板料受弯外侧面有毛刺;
	弯曲区变薄	弯曲半径太小;
拉深件	局部变薄太大和断裂	(1)拉深系数太小;(2)凹模洞口圆角半径太小或不光滑;(3)凸凹模间隙太小或凸凹模不同心造成其间隙不均;(4)压边力太大或不均匀;(5)材料本身带有缺陷;
	起皱	(1)压边力太小或不均匀;(2)压边圈平面与凹模端面不平行;(3)板料厚度不均;
	表面划伤	(1)冲模或工件表面不干净;(2)冲模工作表面不光滑;(3)润滑剂不洁净;(4)润滑不良

项目思考题

1. 自由锻的设备有哪些?各自应用场合如何?

2. 自行车上有哪些零件是用锻压方式生产的?试述它们的生产方式。

3. 胎膜锻与自由锻相比有何优缺点?

4. 板料冲压的设备有哪几种?各自应用场合如何?

5. 板料冲压的工序有哪些?试举例说明各自的应用。

6. 在成批大量生产条件下,冲制外径为Φ40mm、内径为、厚度为2mm的垫圈时,应选用何种冲压模进行冲制才能保证孔与外圆的同轴度?

项目四　车削加工

实训目的和要求

(1)了解零件加工工艺过程及机械加工基本知识;

(2)了解车削加工的特点、加工范围及车工安全操作规程;

(3)熟悉普通卧式车床的结构及作用,掌握主要参数的选择与调整;

(4)了解车刀的刃磨和安装,熟悉常见车刀刀具材料选择及性能要求;

(5)具有一定的车床操作基本技能,能制定简单零件的车削工艺。

安全操作规程

(1)在实习场地内禁止大声喧哗、嬉戏追逐;禁止吸烟;禁止从事一些未经指导人员同意的工作;不得随意触摸、启动各种开关。

(2)装夹工件和车刀要停机进行。工件和车刀必须装牢靠,防止飞出伤人。装刀时刀头伸出部分不要超出刀体高度的 1.5 倍,刀具下垫片的形状尺寸应与刀体形状、尺寸相一致,垫片应尽可能少而平。工件装夹好后,卡盘扳手必须随时取下。

(3)在车床主轴上装卸卡盘,一定要停机后进行,不可利用电动机的力量来取下卡盘。

(4)用顶尖装夹工件时,要注意顶尖中心与主轴中心孔应完全一致,不能使用破损或歪斜的顶尖,使用前应将顶尖、中心孔擦干净,尾座顶尖要顶牢。

(5)开车前,必须重新检查各手柄是否在正常位置,卡盘扳手是否取下。

(6)禁止把工具、夹具或工件放在车床床身上和主轴变速箱上。

(7)车螺纹时,必须把主轴转速设定在最低挡,不准用中速或高速车螺纹。

(8)测量工件要停机并将刀架移动到安全位置后进行。

(9)需要用砂布打磨工件表面时,应把刀具移到安全位置,并注意不要让手和衣服接触工件表面。磨内孔时,不得用手指持砂布,应使用木棍,同时车速不宜太快。

(10)切削时产生的带状切屑、螺旋状长切屑,应使用钩子及时清除,严禁用手拉。

(11)车床开动后,务必做到"四不准":

① 不准在运转中改变主轴转速和进给量;

② 初学者纵、横向自动走刀时,手不准离开自动手柄;

③ 纵向自动走刀时,向左走刀,刀架不准过于靠近卡盘;向右走刀时,刀架不准靠近

尾架；

④ 开车后,人不准离开机床。

(12)任何人在使用设备后,都应把刀具、工具、量具、材料等物品整理好,并作好设备清洁和日常设备维护工作。

通过车削加工任务的实施,使学生掌握并完成工件车外圆、端面与台阶、车槽与切断、钻孔与车孔、车圆锥面、车螺纹、车成型面与滚花、车偏心件的整个加工过程;掌握车床刀具、夹具的正确使用与工件的安装与校正;掌握通用量具的测量方法;了解车削加工的工艺及车床的加工范围等;熟悉车削加工安全文明生产及车床的维护与保养等。

任务一　车床概述及基本操作

4.1.1　任务书

(1)了解普通卧式车床的主要结构及作用。

(2)了解普通车床的传动系统。

(3)掌握普通车床切削用量的选择。

(4)床鞍、中滑板和小滑板操作方法和要求。

4.1.2　知识点和技能点

知识点:

(1)车削加工原理及加工范围;

(2)普通车床的种类及型号;

(3)卧式车床的结构及作用;

(4)卧式车床的传动路线;

(5)车削用量的选择。

技能点:

(1)大滑板、中滑板和小滑板的操作;

(2)启动车床,主轴正反转的操作;

(3)进给量及进给速度的调整;

(4)工件的装夹。

4.1.3　任务说明

1. 车削加工原理及加工范围

车削加工是机械加工中最基本最常用的加工方法,它是在车床上用车刀对零件进行切削加工的过程。

车床主要用来加工各种回转体表面,其主运动为工件的旋转运动,进给运动为刀具的直线移动。加工精度可 IT8～IT7,表面粗糙度 R_a 值为 $1.6～0.8\mu m$。车床上能加工的各种典型表面如图 4-1 所示。

a) 钻中心孔　　　　　　　b) 车外圆　　　　　　　c) 车端面

d) 钻孔　　　　　　　e) 镗孔　　　　　　　f) 铰孔

g) 切断或切槽　　　　　　i) 车锥体　　　　　　　k) 车螺纹

l) 攻螺纹　　　　　　　m) 车成形面　　　　　　　n) 滚花

图 4-1　车削的运动和加工范围

2. 普通车床的种类及型号;

(1)车床的种类及特点

车床的类型很多,主要有卧式车床、立式车床、转塔车床、自动车床和数控车床等。下面仅介绍最常用的卧式车床。

卧式车床是目前生产中应用最广的一种车床,它具有性能良好、结构先进、操作轻便、通用性大和外形整齐美观等优点。但自动化程度较低,适用于单件小批量生产,加工各种轴、盘、套等零件上的各种表面车削加工。

(2)普通卧式车床的型号

普通卧式车床有 C6132—750 和 C6140—1000 等,在此以 CA6132—750 为例。

3. 卧式车床的结构及作用，如图 4-2

（1）主轴箱（床头箱）

主轴箱固定在床身的左面，箱内装主轴，通过卡盘等夹具来装夹工件。它的作用是支承主轴和传动其旋转力，以实现主运动，实现起动、停止、变速和换向等。因此，主轴箱中有主轴及其轴承，传动机构和润滑装置等。变换主轴箱正面右侧重叠的两个手柄，可使主轴变速。而主轴箱正面左侧的一个手柄是用来调整左螺纹、右螺纹及螺距的。

图 4-2　CA6140 型卧式车床

（2）进给箱（走刀箱）

进给箱固定在床身的左前侧。它的作用是变换被加工螺纹的种类和导程，以及获得所需的各种机动进给量。它由变换螺纹导程和进给量的变速机构，变换螺纹种类的转换机构以及操纵机构等几个部分组成。变换进给箱外的导程及进给量调整手柄及丝杠、光杠变换手柄的位置，可以使丝杠或光杠得到不同的速度。通过丝杠，用来车削米制、英制、模数和径节螺纹；通过光杠，用来传递动力，带动床鞍（大滑板）和中滑板（中拖板），使车刀作纵向或横向的进给运动。

（3）溜板箱（滑板箱）

溜板箱安装在床鞍下面,它的作用是将丝杠或光杠传来的旋转运动变为直线运动并带动刀架进给,控制刀架运动的接通、断开和换向;机床过载时控制刀架自动停止进给;手动操纵刀架移动和产生快速移动等。因此,溜板箱由下述机构组成:接通丝杠传动的开合螺母机构,将光杠的运动传递纵向的齿轮齿条和横向进给丝杠的传动机构;接通、断开和转换纵、横向进给的转换机构;保证机床工作安全的过载保险装置和互锁机构;控制刀架运动的操纵机构。此外,还有改变纵、横机动进给运动方向的换向机构,以及快速空行程传动机构等。

（4）刀架

刀架安装在溜板上。它的作用是安装车刀,并由溜板带动它作纵向、横向和斜向进给运动。它由床鞍、中滑板、小滑板、转盘和方刀架等组成。床鞍安放在床身导轨上,与溜板箱连接,可沿着床身导轨纵向移动。中滑板装在床鞍顶面的导轨上,可以在其上作横向移动。小滑板安装在中滑板的转盘导轨上,可转动±90°,小滑板可以手动移动,行程较短。方刀架固定于小滑板上,可同时安装四把车刀。换刀时,松开手柄,即可转动方刀架,把所需的车刀转到工作位置上。工作时,必须旋紧手柄把方刀架固定住。

（5）尾座（尾架）

尾座安装在床身导轨上,它可以根据工件的长短调节纵向位置。它的作用是利用套筒安装顶尖,用来支承较长工件的一端,也可以安装钻头、铰刀等刀具进行孔加工。

（6）床身

床身固定在床腿上。它的作用是用来支承车床各个部件,并保证各部件的相互位置精度。床身顶面外侧的等边山形导轨和平面导轨是供床鞍移动用的,其内侧的等边山形导轨和平面导轨是供尾架移动用的。采用两组导轨一方面避免了移动时的彼此干涉,另一方面也不会由于床鞍导轨的磨损而影响尾座顶尖对车床主轴的同轴度。床身结构、制造精度、导轨表面硬度等对车床加工精度是有很大影响的,所以,操作中必须妥善保护。

（7）丝杠

丝杠左端装在进给箱上,右端装在床身右前侧的挂脚上,中间穿过溜板箱。丝杠专门用来车螺纹。若溜板箱中的开合螺母合上,丝杠就带动床鞍移动车制螺纹。

（8）光杠

光杠左端也装在进给箱上,右端也装在床身前侧的挂脚上,中间也穿过溜板箱。光杠专门用于实现车床的自动纵、横向进给。

（9）挂轮变速机构

它装在主轴箱和进给箱的左侧,其内部的挂轮连接主轴箱和进给箱。交换齿轮变速机构的用途是车削特殊的螺纹（英制螺纹、径节螺纹、精密螺纹和非标准螺纹等）时调换齿轮用

4. 车床传动系统简介,如图4-3所示

主运动是通过电动机1驱动带2,把运动输入到主轴箱4。通过变速机构5变速,使主轴得到不同的转速,再经卡盘6（或夹具）带动工件旋转。

进给运动是由主轴箱把旋转运动输出到交换齿轮箱3,再通过进给箱13变速后,由

丝杠 11 或光杠 12 驱动溜板箱 9、床鞍 10、滑板 8、刀架 7,从而控制车刀的运动轨迹,完成车削各种表面的工作。

a)示意图

```
带轮 → 主轴箱 → 主轴 → 卡盘 → 工件做回转运动
                                  (主运动)
  ↑
交换
齿轮
箱 ←
        进给箱 → 丝杠 → 溜板箱 → 滑板 → 刀架 → 车 螺 纹
                                               (进给运动)
电动机
             → 光杠 → 溜板箱 → 滑板 → 刀架 → 车刀做纵、横向直线运动
                                               (进给运动)
```

b)方框图

图 4-3 传动系统

5. 车削用量的选择

(1)切削用量三要素

所谓切削用量三要素是指切削速度、进给量和切削深度三者的总称。它是表示切削时各运动参数的大小,是调整机床运动的依据。

① 切削速度 V_c

主运动的线速度称为切削速度,它是指在单位时间内,工件和刀具沿主运动方向相对移动的距离。当主运动为旋转运动时,则

$$V_c = \pi dn/1000$$

V_c—切削速度单位:m/s 或 m/min

d—切削部位工件最大直径单位:mm

n—工件或刀具的转速单位:r/min

② 进给量 f

车削时,进给量是指工件每转一圈刀具沿进给方向的位移量,又称走刀量。其单位为 mm/r。

③ 背吃刀量 ap

车削时,背吃刀量是指待加工表面与已加工表面之间的垂直距离。单位:mm,它又

称切削深度。车外圆时由下列决定：

$$ap=dw-dm/2$$

ap—背吃刀量单位:mm

dw—工件待加工表面的直径单位:mm

dm—工件已加工表面的直径单位:mm

（2）切削用量的合理选择

① 粗车

粗车时应先选择一个尽量大的背吃刀量,然后选一个比较大的进给量,最后再根据刀具寿命的允许,选一个合适的切削速度。这样才能使生产率最高,同时也能充分发挥刀具的寿命。

② 精车

精车时,关键是要保证工件的尺寸精度、形状精度和表面粗糙度的要求,然后再考虑尽可能高的生产率。因此,精车时应选用较小的背吃刀量和较小的进给量。针对刀具不同,硬质合金一般多用较高的切削速度,而高速钢刀具则大多采用较低的切削速度。

总之,在选取切削用量时要记住以下三条：

◆ 影响刀具耐用度最大的是切削速度。

◆ 粗加工时背吃刀量越大越好。

◆ 粗加工时,进给量受机床、刀具、工件所能承受切削力的限制,精加工时受工件表面粗糙度的限制。

4.1.4 任务实施

1. 大滑板、中滑板和小滑板操作

（1）操作方法

① 手摇大滑板,带动溜板箱、刀架在机床导轨上快速做纵向移动（Z 轴方向）。

② 手摇中滑板带动刀架做横向移动（X 轴方向）。

③ 手摇小滑板带动刀架小滑板导轨做纵向慢进给。

（2）操作要求

① 摇动手柄时,应双手同时交替动作自如,移动速度缓慢均匀。

② 大滑板、中滑板和小滑板的进退刀方向,要求反应灵活,动作准确。

2. 启动车床,主轴正反转的调整

（1）操作方法

电源开关旋转到"开"的位置,确保紧急急停开关解锁,车床卡盘与其他机构不干涉,方可使电动机启动。将溜板箱右侧的操纵杆手柄向上提起,主轴正转（逆时针方向旋转）。操纵杆手柄有三个档位（向上、中间、向下）,可分别实现正转、停转和反转。

（2）操作要求

① 启动车床前,主轴转速应处于低速挡。若主轴旋转正常,再调换到需要的转速。

② 启动前需要取下卡盘扳手,操纵杆处于停转档位。

3. 切削速度及进给量的调整

(1)操作方法

根据实际需要调整主轴箱上的变速手柄及进给箱上的手柄。

(2)操作要求

主轴变速时,应关闭电动机,以防打坏箱内齿轮。

4. 工件的安装

由于车削加工的主运动为旋转运动,因此在车床上安装工件时,应使被加工表面的回转中心与车床主轴的轴线重合,以保证工件位置准确,同时还要将工件夹紧,以承受切削力,保证工作时安全。根据工件的特点,可利用不同附件,进行不同的安装方法。

(1)三爪卡盘

三爪卡盘是车床最常用的附件,其结构如图 4-4 所示。当转动小锥齿轮时,与之啮合的大锥齿轮也随之转动,大锥齿轮背面的平面螺纹就使三个卡爪同时缩向中心或胀开,以夹紧不同直径的工件。三爪卡盘本身还带有三个"反爪",反方向装到卡盘体上即可用于夹持直径较大的工件。

图 4-4　三爪卡盘结构

三爪卡盘由于三爪联动,能自动定心,但夹紧力小,故适用于装夹圆棒料、六角棒料及外表面为圆柱面的工件。

(2)四爪卡盘

四爪卡盘的构造如图 4-5a 所示。它的四个卡爪都可以单独调整。每个爪的后面有一半瓣内螺纹,跟丝杆啮合,丝杆的一端有一方孔,是用来安插卡盘扳手的。当转动丝杆时就可使卡爪沿卡盘的径向槽移动。由于四爪单动,夹紧力大,但装夹时工件需找正(图 4-5b、c),故适合于装夹毛坯、方形、椭圆形和其他形状不规则的工件及较大的工件。

(3)用顶尖安装

卡盘装夹适合于安装长径比小于 4 的工件,而当某些工件在加工过程中需多次安装,要求有同一基准,或无须多次安装,但为了增加工件的刚性(加工长径比为 4～10 的轴类零件时),往往采用双顶尖安装工件,如图 4-6 所示。

a）四爪卡盘结构

c）百分表找正

b）划线找正

图 4 – 5　四爪卡盘及其找正

图 4 – 6　用双顶尖安装工件

用顶尖装夹,必须先在工件两端面上用中心钻钻出中心孔,再把轴安装在前后顶尖上。前顶尖装在车床主轴锥孔中与主轴一起旋转。后顶尖装在尾座套筒锥孔内。它有死顶尖和活顶尖两种。死顶尖与工件中心孔发生摩擦,在接触面上要加润滑脂润滑。死顶尖定心准确,刚性好,适合于低速切削和工件精度要求较高的场合。活顶尖随工件一起转动,与工件中心孔无摩擦,它适合于高速切削,但定心精度不高。用两顶尖装夹时,需有鸡心夹头和拨盘夹紧来带动工件旋转。

当加工长径比大于10的细长轴时,为了防止轴受切削力的作用而产生弯曲变形,往往需要加用中心架(图4 – 7)或跟刀架(图4 – 8)支承,以增加其刚性。

中心架固定于床身导轨上,它有三个可调节的支承,以支承工件。跟刀架则装在大拖板上,可以跟随拖板与刀具一起移动,它有两个可调节的支承,用来支承工件。用中心架或跟刀架装夹工件时,工件被支承部位应为加工过的外圆面,并需加机油润滑。

图4-7　中心架的应用　　　　　　　　图4-8　跟刀架的应用

（4）用心轴安装

心轴安装如图4-9所示。这种安装方法适用于已加工内孔的工件。利用内孔定位,安装在心轴上,然后再把心轴安装在车床前后顶尖之向。用心轴装夹可以保证工件孔与外圆、孔与端面的位置精度。

a）锥度心轴　　　　　　　　b）圆柱面心轴

c）可胀心轴

图4-9　可胀心轴

（5）用花盘－弯板安装

形状不规则、无法使用三爪或四爪卡盘装夹的工件,可用花盘装夹。花盘是安装在车床主轴上的一个大圆盘,盘面上的许多长槽用以穿放螺栓,工件可用螺栓和压板直接安装在花盘上（图4-10a）;也可以把辅助支承角铁（弯板）用螺钉牢固夹持在花盘上,工件则安装在弯板上(图4-10b)。为了防止转动时因中心偏向一边而产生振动,在工件的另一边要加平衡铁。工件在花盘上的位置需经仔细找正。

图4-10　在花盘上安装零件

任务二　车刀刃磨

4.2.1　任务书

(1)了解车刀的材料、种类和用途。
(2)了解砂轮的种类及选用。
(3)掌握常用车刀的刃磨方法。

4.2.2　知识点和技能点

知识点:
(1)车刀的性能、材料、种类和用途;
(2)车刀的结构、种类和用途;
(3)车刀的主要角度及其作用;
(4)常用外圆车刀的刃磨。
技能点:
刃磨车刀的方法及步骤。

4.2.3　任务说明

1. 车刀的性能、材料、种类和用途

(1)车刀的性能

① 高硬度:常温下刀头硬度要求在 60HRC 以上。

② 耐磨性好:一般是硬度越高,耐磨性好。

③ 耐热性好:车刀在高温下仍有良好的切削性能。

④ 足够的强度和韧性:在切削过程中,车刀承受较大的切削力和冲击力,因此刀具材料必须具有足够的强度和韧性,才能防止脆性断裂和崩刀。

⑤ 良好的工艺性:车刀刀头材料应具备可焊接、锻造、热处理、磨削加工等工艺性能。

(2)常用工具及车刀的常见材料

① 碳素工具钢

淬火后硬度达 60～64HRC,但耐热性差在 200～250℃。

一般用于制造低速(V_c<8 m/min),简单的手工工具如锉刀、刮刀、手工锯条等,常用的牌号 T10、T12、T12A 等。

② 合金工具钢

淬火后硬度达 61～64HRC,耐热性在 350～400℃。

热处理变形小,淬透性好,常用来制造低速,复杂的刀具,如丝锥、板牙、铰刀等。常用的牌号有 CrWMn、9SiCr 等。

③ 高速钢(又称锋钢、白钢)

淬火回火后其硬度达 63～70HRC,其耐热温度为 500～650℃。V_c(30～50m/min)。

具有较好抗弯强度和冲击韧性,常用来制作钻头、铣刀、拉刀、齿轮刀和其他成形刀具。常用牌号如 W18Cr4V、W6Mo5Cr4V2 等。

④ 硬质合金

硬质合金是目前应用最为广泛的一种车刀材料,适合于高速切削,最高切削速度可达 220m/min。常用的牌号有钨钴类有 YG3、YG6、YG8;钨钴钛类有 YT5、YT15、YT30 等。

⑤ 其他刀具材料

金刚石、陶瓷材料、立方氮化硼(CBN)

(2)车刀的结构、种类与用途

① 车刀的结构

◆ 整体式:车刀的刀头和刀体是整体同质材料(通常为高速钢或白钢)。

◆ 焊接式:将硬质合金焊接到刀体上。

◆ 机夹可转位式:将多刃的硬质合金用机械夹固的方式安装在刀体上。

② 常用车刀的种类及用途

a.90°外圆车刀车外圆、端面、台阶,见图 4-11 中的 2、8、9。

b.45°外圆车刀用来车削工件外圆、平面和倒角,见图 4-11 中的 4。

图 4-11　车刀的类型

1—切断刀
2—90° 左切偏刀
3—直纹滚花刀

4—45° 弯头车刀
5—宽刃光车刀
6—切槽刀
7—75° 直头车刀

8—端面90° 偏刀
9—90° 偏刀
v—主运动
f_1—纵向进给
f_2—横向进给

c.75°外圆车刀用来车削工件外圆,见图 4-11 中的 7。

d. 切断及车槽刀用来切断工件或车削工件的沟槽,见图 4-11 中的 1、6。

e. 滚花刀用来滚花,见图 4-11 中的 3。

(3)车刀的组成、主要角度及其作用

① 车刀的组成

车刀由刀头和刀体两部分组成。刀头用于切削,又称切削部分;刀体用于把车刀安装在刀架上,又称夹持部分。车刀刀头主要有前刀面、主后刀面、副后刀面和主切削刃、副切削刃、刀尖组成,如图 4-12 所示。

图 4-12　车刀切削部分组成

② 车刀的主要角度(如图 4-13 所示)及其作用

车刀的角度主要有:前角 γ。、主后角 α。、副后角 α。′、主偏角 κr、副偏角 $\kappa r'$、刃倾角 λs。

a. 前角:前刀面与基面的夹角。前角的大小影响切削刃锋利程度及强度。增大前角可使刃口锋利,切削力减小,切削温度降低,但过大的前角,会使刃口强度降低,容易造成刃口损坏。取值范围为 $-8°$ 到 $+15°$。选择前角的一般原则是:前角数值的大小与刀具切削部分材料、被加工材料、工作条件等都有关系。刀具切削部分材料性脆、强度低时,前角应取小值。工件材料强度和硬度低时,可选取较大前角。在重切削和有冲击的工作条件时,前角只能取较小值,有时甚至取负值。一般是在保证刀具刃口强度的条件下,尽量选用大前角。如硬质合金车刀加工钢材料时前角值可选 $5°\sim15°$。

　　b. 主后角:主后刀面与切削平面间的夹角。其作用为减小后刀面与工件之间的摩擦。它也和前角一样影响刃口的强度和锋利程度。选择原则与前角相似,一般为 2 到 8°。

　　c. 副后角:副后面与切削平面间的夹角。副后角的主要作用是减少车刀副后面与工件之间的摩擦。

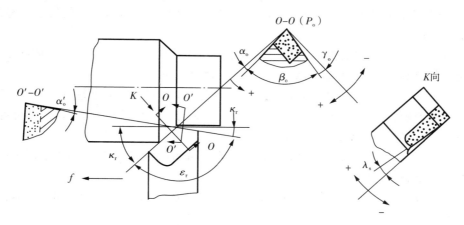

图 4-13　车刀几何角度

　　d. 主偏角:主切削刃与进给方向间的夹角。其作用体现在影响切削刃工作长度、吃刀抗力、刀尖强度和散热条件。主偏角越小,吃刀抗力越大,切削刃工作长度越长,散热条件越好。选择原则是:工件粗大刚性好时,可取小值;车细长轴时为了减少径向切削抗力,以免工件弯曲,宜选取较大的值。常用在 15°到 90°之间。

　　e. 副偏角:副切削刃与进给反方向间的夹角。其作用是影响已加工表面的粗糙度,减小副偏角可使被加工表面光洁。选择原则是:精加工时,为提高已加工表面的质量,应选取较小的值,一般为 5°到 10°。

　　f. 刃倾角:主切削刃与基面间的夹角。主要作用是影响切屑流动方向和刀尖的强度。以刀柄底面为基准,主切削刃与刀柄底面平行时,刃倾角等于 0,切屑沿垂直于主切削刃的方向流出。当刀尖为切削刃最低点时,刃倾角为负值,切屑流向已加工表面。当刀尖为主切削刃最高点时,刃倾角为正值,切屑流向待加工表面。一般刃倾角刃倾角取 -5°到 +10°。精加工时,为避免切屑划伤已加工表面,应取正值或零。粗加工或切削较硬的材料时,为提高刀头强度可取负值。

　　2. 砂轮的种类及选用

　　(1)砂轮的种类

　　砂轮的种类很多,通常刃磨普通车刀选用平形砂轮,常用的有氧化铝砂轮和碳化硅砂轮两大类;氧化铝砂轮又称白刚玉砂轮,多呈白色,它的磨粒韧性好、比较锋利,硬度低,其自锐性好,主要用于刃磨高速钢车刀和硬质合金车刀的刀体部分;碳化硅砂轮多呈绿色,其磨粒的硬度高、刃口锋利,但其脆性大,主要用于刃磨硬质合金车刀。

　　(2)砂轮的选用原则

　　刃磨高速钢和硬质合金车刀刀体部分,主要选用白色的氧化铝砂轮;刃磨硬质合金车刀切削部分,主要选用绿色的碳化硅砂轮;粗磨普通车刀时应选用基本粒尺寸较大、粒度号较小的粗砂轮,精磨车刀时选用基本粒尺寸较小、粒度号大的细砂轮。

3. 刃磨车刀的方法及步骤

(1)刃磨车刀的姿势及方法

① 刃磨车刀时刃磨者应站立在砂轮机的侧面,防砂轮碎裂时碎片飞出伤人;同时在刃磨车刀时,观察砂轮机周围环境,检查设备安全状况,开动设备,待砂轮转速平稳后,方可开始刃磨车刀。

② 刃磨时两手握刀的距离放开,右手靠近刀体的切削部分,右手靠近刀体的尾部,同时两肘夹紧腰部,刃磨过程要平稳,以减小磨刀时的抖动。

③ 刃磨时车刀的切削部分要放在砂轮的水平中心,刀尖略向上翘约 3°~8°,车刀接触砂轮后应沿砂轮水平方向左右或上下移动。当车刀离开砂轮时,车刀切削部分要向上抬起,防止刃磨好的刀刃被砂轮碰伤。

④ 刃磨主后刀面时刀杆尾部向左偏转一个主偏角的角度;刃磨副后刀面时刀杆尾部向右偏转一个副偏角的角度。

⑤ 修磨刀尖圆弧时通常以左手握车刀前端为支点,用右手转动车刀的尾部,让刀尖圆弧自然形成。

(2)车刀刃磨步骤

以 90°外圆车刀为例,车刀的刃磨分为刀体刃磨和切削部分刃磨两部分,刀体在白色的氧化铝砂轮上刃磨,刃磨要求不干涉切削加工为原则;切削部分在绿色的碳化硅砂轮上刃磨,粗、精要分开,主要刃磨主后刀面、副后刀面、前刀面,保证正确的几何角度。

① 磨削开始时除去车刀前刀面、后刀面上的焊渣,粗磨先磨主后面,刀杆尾向左偏移,使刀杆与砂轮轴线之间成 90°的夹角,同时磨出主偏角,刀头向上翘 38°,以减小车刀和砂轮之间的摩擦,形成主后角。接着刃磨副后面,刀杆尾部向右偏移,使刀杆与砂轮轴线之间成 90°的夹角,同时磨出副偏角和副后角,最后刃磨前刀面,同时磨出正确的前角。

② 精磨时用金刚石钢笔或砂轮修整块修磨砂轮,保持砂轮平整和锋利,先修磨前刀面,保持前刀面光滑;再修磨主后刀面和副后刀面,保持主、副切削刃平直、锋利;最后左手握车刀前端作为支点,右手转动杆尾部,修磨刀尖圆弧。

③ 磨断屑槽,断屑槽在切削过程中起断屑作用,同时保证排屑顺利。为使切屑碎断,一般要在车刀前面磨出断屑槽;刃磨断屑槽时,必须先把砂轮的外圆与平面的交角处用修砂轮的金刚石笔或砂轮修整块修整砂轮成相适应的圆弧或尖角,刃磨时刀尖可向下或向上移动,刃磨时起点位置应跟刀尖、主切削刃离开一小段距离,刃磨时用力要轻,移动要稳、准,防止砂轮磨伤前刀面和主切削刃。

④ 磨负倒棱,为提高刀具强度,延长刀具切削部分的寿命,硬质合金车刀一般要磨出负倒棱;刃磨负倒棱时用力要轻微,车刀要沿主切削刃的后端向刀尖方向摆动。它是刃磨车刀的最后一步,刃磨一定要细心,防止砂轮损伤磨好的面和刃。

(3)刃磨车刀注意事项。

① 刃磨车刀前检查设备是否完好,先检查砂轮有无裂纹,砂轮轴螺母是否拧紧,并经

试转后使用,以免砂轮碎裂或飞出伤人。

② 刃磨车刀时不能用力过大,移动过程要平稳,移动、转动速度要均匀,否则会使手打滑而触及砂轮面,造成工伤事故。

③ 刃磨车刀时应戴防护眼镜,以免砂粒和铁屑飞入眼中,刃磨时不可戴手套。

④ 刃磨小刀头时必须把小刀头装入刀杆上进行。

⑤ 砂轮支架与砂轮的间隙不得大于 3mm,如果间隙过大,应调整砂轮间隙。

⑥ 刃磨车刀时,如果温度过高,暂停磨削,高速钢要及时用水冷却,防止退火,保持切削部分的硬度,硬质合金刀切不可水冷,防止刀裂。长期间进行磨削时,中途应停止设备,检查运行情况确保安全。

⑦ 先停磨削后停机,人离开机房时关闭砂轮机,待砂轮停止后切断电源。

4.2.4 任务实施

1. 外圆车刀试刃磨,如图 4 – 14 所示。

(1)粗磨主后刀面磨出主偏角、主后角。

(2)粗磨副后刀面磨出副偏角、副后角。

(3)粗、精磨前刀面,磨出前角或断屑槽。

(4)精磨主后刀面、副后刀面。

(5)磨出刀尖圆弧。

图 4 – 14 90°、45°外圆车刀刃磨

任务三 简单零件车削加工

4.3.1 任务书

(1)在车床上加工如图 4 – 15 所示的零件—钻模套,材料为 Q235A。

(2)在车床上加工如图 4 – 16 所示的零件—双槽轮,材料为 Q235A。

图 4 - 15 钻模套

图 4 - 16 双槽轮

4.3.2 知识点和技能点

知识点：
(1)刀具、量具、夹具的选择；
(2)车削加工基本操作；
(3)切削用量的选择。
技能点：

(1)常用车刀的安装；

(2)常用量具的正确测量技巧；

(3)切削速度、进给量及背吃刀量的合理选择；

(4)操作普通车床加工简单零件。

4.3.3 任务说明

简单零件的加工的主要步骤：选择工、刀、量具及夹具→选择毛坯→装夹工件及刀具→调整机床参数→确定车削工艺→操作车床进行粗、精车。

1. 常用车刀的安装

(1)车刀不能伸出刀架太长，应尽可能伸出的短些。因为车刀伸出过长，刀杆刚性相对减弱，切削时在切削力的作用下，容易产生振动，使车出的工件表面不光洁。一般车刀伸出的长度不超过刀杆厚度的 2 倍，如图 4-17 所示。

a）正确   b）错误

图 4-17 车刀的装夹

(2)车刀刀尖的高低应对准工件的中心。车刀安装得过高或过低都会引起车刀角度的变化而影响切削。根据经验，粗车外圆时，可将车刀装得比工件中心稍高一些；精车外圆时，可将车刀装得比工件中心稍低一些，这要根据工件直径的大小来决定，无论装高或装低，一般不能超过工件直径的 1%。

(3)装车刀用的垫片要平整，尽可能地减少片数，一般只用 2～3 片。如果垫片数量大多或不平整，会使车刀产生振动，影响切削。

(4)车刀装上后，要紧固刀架螺钉，一般要紧固两个螺钉。紧固时，应轮换逐个拧紧。同时要注意，一定要使用专用扳手，不允许再加套管等，以免使螺钉受力过大而损伤。

2. 车削加工基本操作

(1)车削外圆和台阶

外圆车削是车削加工中最基本，也是最常见的工作。常用的外圆车刀有尖刀、弯头刀及偏刀等。尖刀主要用于粗车外圆和车没有台阶或台阶不大的外圆。弯头刀用于车外圆、端面、倒角和有 45°斜面的外圆。偏刀的主偏角为 90°，车外圆时径向力很小，常用来车有垂直台阶的外圆和车细长轴。

台阶高度小于 5mm 的称为低台阶,车削时外圆和台阶可一刀完成,端面部分由刀具作横向退刀时车出。台阶高度大于 5mm 的称为高台阶,车削时外圆先分层切除,当外径符合要求后再对台阶面进行精车。

(2)车端面

常用的端面车刀和车端面的方法,如图 4-18 所示。车端面时刀具作横向进给,车刀在端面上的轨迹实质上是螺旋线,同时由于加工直径在不断地发生变化,越向中心车削速度越小,因此切削条件比车外圆要差。

图 4-18 车端面

车端面时应注意以下几点:

① 车刀的刀尖应对准工件中心,以免车出的端面中心留有凸台。

② 尽量从中心向外走刀,必要时锁住大拖板。

(3)切槽与切断

① 切槽操作

切槽使用切槽刀,切槽和车端面很相似。切槽刀如同右偏刀和左偏刀并在一起同时车左、右两个端面,如图 4-19 所示。

切窄槽时,主切削刃宽度等于槽宽,在横向进刀中一次切出。切宽槽时,主切削刃宽度可小于槽宽,在横向进刀中分多次切出。

a)切外槽　　　　b)切内槽　　　　c)切端面槽

图 4-19 切槽刀

② 切断操作

切断要用切断刀。切断刀的形状与切槽刀相似,但因刀头窄而长,很容易折断。切断时应注意以下几点:

a. 切断一般在卡盘上进行,工件的切断处应距卡盘近些,以免切削时工件振动。

b. 切断刀刀尖必须与工件中心等高,否则切断处将剩有凸台,且刀头也容易损坏。

切断刀伸出刀架的长度不要过长。

c. 用手进给时一定要均匀,即将切断时,须放慢进给速度,以免刀头折断。

(4)孔加工

在车床上可以用钻头、镗刀、扩孔钻、铰刀完成钻孔、镗孔、扩孔和铰孔等孔的加工。

① 钻孔

在车床上钻孔,工件由卡盘装夹,钻头装在尾架上,如图 4 - 20 所示。工作时,工件的旋转运动为主运动,这一点与钻床上钻孔是不同的。

图 4 - 20　在车床上钻孔
1—三爪卡盘;2—工件;3—麻花钻;4—尾架

在车床上钻孔、扩孔或铰孔时,要将尾架固定在合适的位置,用手摇尾架套筒进行进给。钻孔必须先车平端面。为了防止钻头偏斜,可先用车刀划一个坑或先用中心钻钻中心孔作为引导。钻孔时,应加冷却液。有关钻孔、扩孔和铰孔内容详见本教材钳工部分。

② 镗孔

镗孔是指在已有孔(钻孔、铸孔、锻孔)的工件上进一步进行加工。镗孔有以下三种情况,如图 4 - 21 所示。

a)镗通孔　　　　　b)镗盲孔　　　　　c)镗内环形孔

图 4 - 21　在车床上镗孔

镗通孔可采用与外圆车刀相似的 45° 弯头镗刀。为了减小表面粗糙度,副偏角可选较小值。镗不通孔或台阶孔时,由于孔的底部有一端面,因此孔加工时镗刀主偏角应大于 90°,精镗盲孔时刃倾角一般取负值,以使切屑从孔口排出。

镗孔时由于刀具截面积受被加工孔径大小的影响,刀杆需伸长,使工作条件变差,因此解决好镗刀的刚度是保证镗孔质量的关键。

4.3.4 任务实施

1. 车削零件—钻模套（如图 4-15 所示）

(1)分析图纸

① 总体尺寸 $\Phi18$、15、20、$\Phi9$。

② 主要尺寸 $\Phi14^{0}_{-0.10}$。

③ 较难理解尺寸 3×0.5。

④ 其他尺寸与要求。

(2)加工工艺

① 工件装夹(卡盘夹 $\Phi25$mm 毛坯材料伸出 30—40mm)

② 车平端面,定长 24mm 画线。

③ 车外圆 $\Phi18$ 长 24mm 至尺寸。

④ 定长 15mm 画线。

⑤ 车外圆 $\Phi14^{0}_{-0.10}$,长 15mm 至尺寸。

⑥ 钻中心孔,再钻 $\Phi9$ 孔,深 24mm。

⑦ 测量长度 15mm 且修整至尺寸。

⑧ 倒角 C1;切槽 3×0.5 至尺寸。

⑨ 切断定长至 $20.5\sim21$mm。

⑩ 调头装夹 $\Phi14$ 处。

⑪ 车端面定总长至尺寸 20mm。

⑫ 倒角 C1。

⑬ 交验。

2. 车削零件—双槽轮（如图 4-16 所示）

(1)加工工艺

① 夹毛坯 $\Phi25$ 伸出卡盘长 60。

② 车端面见光。

③ 定长 35 画线。

④ 车外圆 $\Phi22\pm0.1$ 长 30。

⑤ 定长 13 画线。

⑥ 车外圆 $\Phi15$ 长 13。

⑦ 切槽 2 处 4×2(即底径为 $\Phi18$)。

⑧ 倒角 2 处 C1 及去棱角。

⑨ 钻中心孔,钻孔 $\Phi9$,深 35。

⑩ 切断长 30.5 以上。

⑪ 调头装夹。

⑫ 车端面定总长 30。

⑬ 倒角 C1。

4.3.5　拓展训练

1. 加工零件—销（如图 4-22 所示）。

图 4-22　销

2. 加工零件—小轴（如图 4-23 所示）。

技术要求：
未注倒角：C0.5

图 4-23　小轴

3. 加工零件—多台阶轴（如图 4-24 所示）。

技术要求：
锐角去棱

图 4-24　多台阶轴

4. 加工零件—槽轮（如图 4-25 所示）。

图 4-25 槽轮

5. 加工零件—轮（如图 4-26 所示）。

图 4-26 轮

任务四 圆锥类零件车削加工

4.4.1 任务书

采用转动小滑板法车如图 4-27 所示的短圆锥。

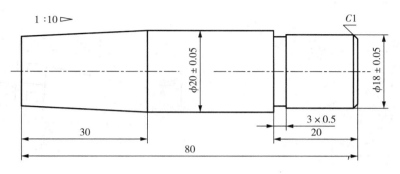

图 4 - 27　转动小滑板法车圆锥面

4.4.2　知识点和技能点

(1)掌握转动小滑板车圆锥的方法；
(2)根据圆锥各部分尺寸，能计算小滑板的旋转角度；
(3)掌握锥度的测量方法。

4.4.3　任务说明

(1)车锥面

锥面有配合紧密、传递扭矩大、定心准确、同轴度高、拆装方便等优点，故锥体应用广泛。

在车床上车锥面的常用方法主要有以下几种：

① 转动小滑板

如图 4 - 28 所示，把小滑板扳转一个等于工件圆锥斜角 α 的角度，然后转动小滑板手柄手动进给，就能车出工件的圆锥表面。这种方法内、外圆锥均可加工。但限于小滑板行程而不能车长锥体。由于小滑板不能自动进给，手摇手柄进给速度不易均匀而且费力，车出锥体的表面粗糙度较大。它适合于车削长度短、锥度大的内、外锥体和整体圆锥（如顶尖）。

② 偏移尾座法

如图 4 - 29 所示，把尾座偏移 S，使工件轴线与车床主轴轴线之间的夹角等于工件锥体的斜角 α，就可用床鞍自动进给车削外圆锥。$S = L\sin\alpha$（L 为两顶尖之间的距离），当 α 很小时，$\sin\alpha \approx \tan\alpha$，故 $S = L\tan\alpha$。于是：

$$S = \frac{L(D-d)}{2l}$$

式中：D——锥体大端直径；

d——锥体小端直径；

l——锥体轴向长度。

图 4-28　扳转小滑板车锥面　　　图 4-29　偏移尾座法车锥面

这种方法的优点是能利用床鞍自动进给,车出锥体表面质量好。它的缺点是顶尖与中心孔接触不良,磨损不均匀,中心孔的精度容易丧失,而且不能车内锥体和整体圆锥。它适合车削长度大、锥度小的外锥体。

③ 靠模法

图 4-30 为常见的靠模装置。它的底座固定在车床床身后面。底座上装有锥度靠模,它可以绕轴销转动。当靠模转动工件锥体的斜角后,用螺钉紧固在底座上。滑块可自由地在锥度靠模的槽中移动。中滑板与它下面的丝杠已脱开,它通过接长板、与滑块联接在一起。车削时,床鞍作纵向自动走刀。中滑板被床鞍带动,同时受靠模的约束,获得纵向和横向的合成运动,使车刀刀尖的轨迹平行于靠模的槽,从而车出所需的外圆锥。这时,小滑板需转动 90°,以便横向吃刀。

图 4-30　用靠模法车锥面

1—中滑板；2—接长板；3—螺钉；4—压板螺钉；5—滑块；6—轴销；7—锥度靠模；8—底座

采用靠模加工锥体,生产率高,加工精度高,表面质量好。但需要在车床上安装一套靠模。它适于成批生产车削长度大、锥度小的外锥体。

(2)车锥度

在机械制造工业中,除了采用圆柱体和圆锥孔作为配合表面外,还广泛采用圆锥体和圆锥孔作为配合表面。如车床的主轴锥孔、顶尖、钻头和铰刀的锥柄等等。这是因为圆锥面配合紧密,拆卸方便,而且多次拆卸仍能保持精确的定心作用。

① 圆锥各部分名称、代号及计算公式

圆锥体和圆锥孔的各部分名称、代号及计算公式均相同,圆锥体的主要尺寸有:

大端直径　　　　$D=d+2ltg\alpha(l$ 为锥体长度)

小端直径　　　　$d=D-2ltg\alpha$

锥度　　　　　　$K=(D-d)/1=2tg\alpha$

斜度　　　　　　$M=(D-d)/2l=tg\alpha=K/2$

② 车锥度的方法

车锥度的方法有四种:小刀架转位法、锥尺加工法(也叫靠模法)、尾架偏移法和样板刀法(也叫宽刀法)。

◆ 小刀架转位法

如图 4-31 所示,根据零件的锥角 2α,将小刀架扳转 α 角,即可加工。这种方法操作简单,能保证一定的加工精度,而且还能车内锥面和锥角很大的锥面,因此应用较广。但由于受小刀架行程的限制,并且不能自动走刀,所以适于加工短的圆锥工件。

图 4-31 小刀架转位法图

◆ 偏移尾座法

如图 4-32 所示,把尾座偏移 S,使工件轴线与车床主轴轴线之间的夹角等于工件锥体的斜角 α,就可用床鞍自动进给车削外圆锥。$S=Lsin\alpha(L$ 为两顶尖之间的距离),当 α 很小时,$sin\alpha\approx tan\alpha$,故 $S=Ltan\alpha$。于是:

$$S=\frac{L(D-d)}{2l}$$

式中：D——锥体大端直径；

d——锥体小端直径；

l——锥体轴向长度。

这种方法的优点是能利用床鞍自动进给,车出锥体表面质量好。它的缺点是顶尖与中心孔接触不良,磨损不均匀,中心孔的精度容易丧失,而且不能车内锥体和整体圆锥。它适合车削长度大、锥度小的外锥体。

图 4-32 偏移尾座法车锥面

◆ 靠模法

图 4-33 为常见的靠模装置。它的底座固定在车床床身后面。底座上装有锥度靠模,它可以绕轴销转动。当靠模转动工件锥体的斜角后,用螺钉紧固在底座上。滑块可自由地在锥度靠模的槽中移动。中滑板与它下面的丝杠已脱开,它通过接长板、与滑块联接在一起。车削时,床鞍作纵向自动走刀。中滑板被床鞍带动,同时受靠模的约束,获得纵向和横向的合成运动,使车刀刀尖的轨迹平行于靠模的槽,从而车出所需的外圆锥。这时,小滑板需转动 90°,以便横向吃刀。

图 4-33 用靠模法车锥面

1—中滑板;2—接长板;3—螺钉;4—压板螺钉;5—滑块;6—轴销;7—锥度靠模;8—底座

采用靠模加工锥体,生产率高,加工精度高,表面质量好。但需要在车床上安装一套靠模。它适于成批生产车削长度大、锥度小的外锥体。

◆ 宽刀法

宽刀法车锥面如图 4-34 所示。刀刃必须平直,与工件轴线夹角应等于圆锥半角 $\alpha/2$,工件和车刀的刚度要好,否则容易引起振动。表面粗糙度 R_a 值取决于车刀刀刃的刃磨质量和加工时的振动情况,一般可达 $6.3 \sim 3.2 \mu m$。宽刀法只适宜加工较短的锥面,生产率较高,在成批和大量生产中应用较多。

图 4-34 宽刀法

4.4.4 任务实施

车削零件圆锥轴,如图 4-27 所示。

(1)工件装夹(卡盘夹 $\Phi25$ 毛坯材料伸出长 90);

(2)定长 85 画线;

(3)车外圆 $\Phi20 \pm 0.05$ 长 88 至尺寸;

(4)定长 20 画线;

(5)车外圆 $\Phi18 \pm 0.05$ 长 20 至尺寸;

(6)倒角 $C1$;

(7)切槽 3×0.5;

(8)切断定长 80 尺寸;

(9)调头装夹(夹 $\Phi20 \pm 0.05$ 处,且伸出卡盘约 40);

(10)车锥体至图纸尺寸。

4.4.5 拓展训练

1. 加工如图 4-35 所示的零件,未注倒角 $C0.5$。

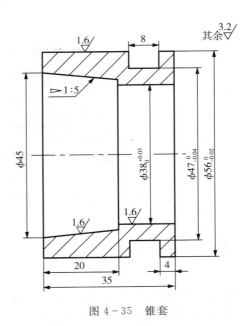

图 4-35 锥套

任务五　细长轴类零件车削加工

4.5.1　任务书

(1)一夹一顶车如图 4 - 36 所示多台阶轴,全部倒角 $C1$,$Ra3.2$。

图 4 - 36　一夹一顶车多台阶轴

(2)两顶装夹车如图 4 - 37 所示双向台阶轴,全部倒角 $C1$,$Ra3.2$。

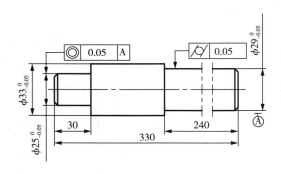

图 4 - 37　两顶装夹车双向台阶轴

4.5.2　知识点和技能点

(1)了解中心孔的种类及钻削中心孔的方法;

(2)了解顶尖的种类及使用方法;

(3)一夹一顶装夹工件和车削工件的方法;

(4)掌握两顶尖加工轴类零件的方法。

4.5.3　任务说明

1. 一夹一顶车削轴类零件

（1）一夹一顶装夹工件的优缺点

① 优点：这种装夹方法装夹刚性好，能承受较大的切削力。

② 缺点：对有相互位置精度要求和需求多次装夹加工的工件，只能进行粗车及半精车。

（2）一夹一顶装夹工件和车削工件的方法

① 为了防止工件轴向移位，必须在主轴锥孔内装一个限位支撑，如图 4-38(a)，或利用工件台阶限位，也可在工件的被夹部位车一装夹用台阶，作为轴向限位支撑，如图 4-38(b)。

② 把限位支撑、锥柄及主轴锥孔擦净，用轴向力把限位支撑装入主轴锥孔内，并调整好限位尺寸。

③ 调整好尾座后部"0"线对齐。

④ 根据工件长度调整尾座距离，尾座套筒不宜伸出过长，以不影响车刀车削工件为准，紧固尾座。

⑤ 一头用三爪自定心卡盘外圆或工件台阶部分，一头用后顶尖顶住中心孔。

⑥ 车外圆，测量并逐步找正外圆锥度。

　　　　　a）用限位支撑　　　　　　　　　　　　　　　　b）用工件台阶限位

图 4-38　一夹一顶装夹工件

2. 两顶尖装夹车削轴类零件

两顶尖装夹定位精度高，可以多次重复使用，定位精度不变，有利于保证工件各表面间相互位置的精度，装夹方便，适用于有相互位置精度要求需经过多次装夹加工的工件。但顶尖与顶尖孔接触面积小，承受切削力小，对提高切削用量带来困难。

顶尖分为前顶尖和后顶尖两种。其作用是定位、承受工件的重量和切削时的切削力。

（1）前顶尖与工件一起旋转，因此与中心孔不产生摩擦。其可分为两种，一种是插入主轴锥孔内使用的固定顶尖，这种顶尖装夹牢靠，适宜于批量生产。另一种是夹在卡盘上使用。

（2）工件和车削

① 尾座的调整。移动尾座，使前、后顶尖将要接触，看两顶尖尖部是否对齐，如未对齐，需要调整尾座上的螺钉，使前、后顶尖或尾座"0"线对齐。

② 根据工件长度调整尾座距离，尾座套筒不宜伸出过长，以不影响车刀车削工件为

准,紧固尾座。

③ 用鸡心夹头夹紧工件一端,如图 4-39 所示,拨杆伸向平面外。

图 4-39 用鸡心夹头装夹工件

④ 将有夹头的一端中心孔放置在前顶尖上,工件另一端中心孔用后顶尖云顶。使夹头拨杆与卡爪侧平面接触,或放在拨盘槽内,以带动工件旋转。调整顶尖松紧程度以没有轴向窜动为宜。如果后顶尖用固定顶尖,应加润滑油脂,然后将尾座套筒的坚固螺钉压紧。

⑤ 试切削外圆,注意工件余量。

4.5.4 任务实施

1. 车削零件,如图 4-36 所示

加工步骤

(1)夹工件外圆车平面、钻中心孔。

(2)夹工件外圆长 6mm 左右(用限位支撑或车出 6mm 限位台阶),另一端中心孔用顶尖支顶。

(3)粗车 Φ29mm、长 30mm,Φ33mm、长 120mm 及 Φ35mm、长 80mm(找正锥度)。

(4)精车上述尺寸并满足零件图中的标注尺寸,并倒角。

(5)调头垫钢皮夹住 Φ35mm 外圆,车总长 230,并倒角。

2. 车削零件,如图 4-37 所示

加工步骤

(1)夹工件外圆,伸出 50mm 车平面钻中心孔。

(2)调头夹外圆,车平面及总长至图样要求,钻中心孔。

(3)在两顶尖上装夹工件。

(4)粗车 Φ29mm、长 240mm 及 Φ33mm、长 61mm 至尺寸要求。

(5)精车上述尺寸并满足零件图中的标注尺寸、并倒角。

(6)工件调头装夹。

(7)粗、精车 Φ25mm、长 30mm 至图样要求。

(8)倒角。

任务六　螺纹类零件车削加工

4.6.1　任务书

在车床上加工零件—螺纹调节器,如图4-40所示。

图4-40　螺纹调节器

4.6.2　知识点和技能点

(1)了解螺纹的种类和用途;
(2)了解螺纹的常见加工方法;
(3)掌握标准内、外螺纹加工方法;
(4)掌握普通螺纹车削加工方法。

4.6.3　任务说明

1. 螺纹的种类和用途

螺纹按其用途可分为连接螺纹和传动螺纹。

(1)连接螺纹:主要起连接和调整的作用

① 普通螺纹:牙型角为60°,又分为粗牙螺纹和细牙螺纹,代号为 M。

② 管螺纹:牙型角为55°,常用于水、气、油等防泄露要求的场合。

(2)传动螺纹主要用于传递运动和动力

① 梯形螺纹:牙型角为30°,牙型为等腰梯形,代号为 T,它是传动螺纹的主要形式,如机床的丝杠等。

② 矩形螺纹:主要用于力传递,其特点是传动效率较其他螺纹高,但强度较大,因此

应用受到一定限制。

③ 锯齿形螺纹:其牙型锯齿形,代号为 B。它只用于承受单向动力,由于它的传动效率及强度比梯形螺纹高,常用于螺旋压力机及水压机等单向受力机构。

④ 模数螺纹:即涡轮蜗杆螺纹,其牙型为 40°,它具有传动比大,结构紧凑,传动平稳,自锁性能好等特点,主要用于变速装置。

2. 螺纹的常见工方法

(1)攻螺纹和套螺纹

① 攻螺纹:是用丝锥在工件的光孔内加工出内螺纹的方法。

② 套螺纹:是用板牙在工件上光轴上加工出螺纹的方法。

(2)车螺纹

① 直进法车螺纹进刀时,利用中滑板作横向垂直进给,在几次进给中将螺纹的牙槽余量切去。特点是:可得到较正确的截形,但车刀的左右侧刃同时切削,不便排屑,螺纹不易车光,当背吃刀量较大时,容易产生扎刀现象,一般适用于精车螺距小于 2mm 的螺纹。

② 斜进法车螺纹操作时,每次进刀除中滑板作横向进给外,小滑板向同一方向作微量进给,多次进刀将螺纹的牙槽全部车去。车削时,开始一、二次进给可用直进法车削,以后用小滑板配合进刀。特点是:单刃切削,排屑方便,可采用较大的背吃刀量,适用于较大螺距螺纹的粗加工。

③ 左右借刀法每次进刀时,除了中滑板作横向进给外,同时小滑板配合中滑板作左或右的微量进给,这样多次进刀,可将螺纹的牙槽车出,小滑板每次进刀的量不宜过大。

3. 螺纹的加工步骤

在车床上可车削各种螺纹,其加工原理是使工件每转一转,刀具移动的距离等于工件的导程。因此,溜板箱的移动必须由丝杆带动,以保证严格的传动关系。

车外螺纹操作步骤如图 4 - 41 所示。

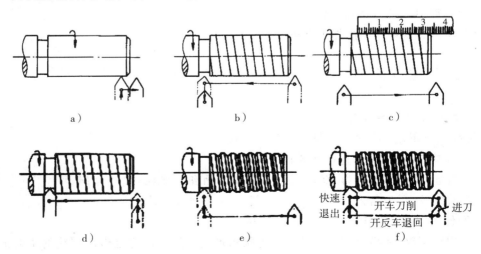

图 4 - 41　车削外螺纹操作步骤

（1）开车对刀，使车刀与零件轻微接触，记下刻度盘读数，向右退出车刀，如图 4 – 41（a）所示。

（2）合上开合螺母，在零件表面上车出一条螺旋线，横向退出车刀，停车，如图 4 – 41（b）所示。

（3）开反车使车刀退到零件右端，停车，用钢直尺检查螺距是否正确，如图 4 – 41（c）所示。

（4）利用刻度盘调整背吃刀量，开车切削，车钢料时加机油润滑，如图 4 – 41（d）所示。

（5）车刀将至行程终了时，应做好退刀停车准备，先快速退出车刀，然后停车，开反车退回零件右端，如图 4 – 41（e）所示。

（6）再次横向切入，继续切削，如图 4 – 41（f）所示。

4. 车螺纹时应注意事项

（1）为了获得准确地螺纹轴向剖面形状，应使螺纹车刀的刀尖角等于螺纹角，刀头的形状与螺纹轴向剖面形状相一致。

（2）安装车刀时，刀尖必须与零件中心等高。调整时，用对刀样板对刀，保证刀尖角的等分线严格地垂直于零件的轴线。

（3）车螺纹一般均需多次进给才能加工到规定的深度。在多次走刀过程中，必须保证车刀每次都落入已切出的螺纹槽内，否则，就会发生"乱扣"现象。当丝杠的螺距 P_s 是零件螺距 P 的整数倍时，可任意打开合上开合螺母，车刀总会落入原来已切出的螺纹槽内，不会"乱扣"。若不为整数倍时，多次走刀和退刀时，均不能打开开合螺母，否则将发生"乱扣"。

4.6.4　任务实施

车削如图 4 – 40 所示零件。

（1）工件装夹，毛坯伸出卡盘 60mm；

（2）定长 50 画线；

（3）车外圆 $\Phi22$；

（4）定长 20 画线，车外圆 $\Phi18$ 至 20；

（5）钻孔 $\Phi8.5$，深 25；

（6）攻内螺纹 M10，深 20；

（5）倒角，切断 45.5；

（8）调头装夹 $\Phi18$ 处，车总长到 45；

（9）车外圆 $\Phi16$ 至 20；

（10）倒角，切槽 3×1；

（10）套外螺纹 M16×1.5；

（11）钻孔 $\Phi10$，深 25；

（12）检验。

4.6.5 拓展训练(车内、外螺纹)

(1)加工零件—螺纹轴,如图4-42所示。

图4-42 螺纹轴

(2)加工零件—螺纹轴套,如图4-43所示。

图4-43 螺纹轴套

任务七 滚花类零件车削加工

4.7.1 任务书

滚花加工如图4-44所示零件,未注倒角$C1$,$Ra6.3$。

图4-44　滚花轴

4.7.2　知识点和技能点

(1)了解滚花刀的种类;
(2)掌握滚花前的车削尺寸要求;
(3)掌握滚花刀在工件上滚花的方法;
(4)了解滚花时乱纹的原因及防治方法。

4.7.3　任务说明

某些工具和机床零件的把手部位,为了增加摩擦力和使零件表面美观,往往在零件表面上滚出各种不同的花纹。例如:车床刻度盘、千分尺的微分套筒以及铰杠、扳手等。这些花纹一般是在车床上用滚花刀滚压而成的,这种方法称之为滚花。

　1.花纹的种类

　滚花的花纹一般有直纹和网纹两种。花纹有粗、细之分,并用模数表示,其形状和各部位尺寸如图4-45所示。

图4-45　滚花的种类

　2.滚花刀的种类

滚花刀一般有单轮,双轮和六轮,如图4-46所示。

图 4 - 46　滚花刀

3. 滚花方法

（1）滚花刀的安装方法

① 滚花刀在车床的刀架上,并使滚花刀的装刀中心与工件回转中心等高,如图 4 - 46所示。

② 滚压有色金属或滚压表面要求较高的工件时,滚花刀的滚轮表面与工件表面平行安装,如图 4 - 47(a)所示。

③ 滚压碳素钢或滚花表面要求一般的工件,滚花刀的滚轮表面相对于工件表面向左倾斜 3°～5°,安装如图 4 - 47(b)所示,这样便于切入且不易产生乱纹。

a）平行安装　　　　　　　　　　　　b）倾斜安装

图 4 - 47　滚花刀的安装

（2）滚花方法

① 滚花前,应根据工件材料的性质和滚花节距的大小,将工件滚花表面车小$(0.8～1.6)m$(m 为模数)。

② 开始滚压时,必须使用较大的压力进刀,使工件刻出较深的花纹,否则易产生乱纹。

③ 为了减少开始滚压的径向压力,可以使滚轮表面约 $1/3～1/2$ 的宽度与工件接触,如图 4 - 48所示,这样,滚花刀就容易压入工件表面。在停机检查花纹符合要求后,即可纵向机动进刀,如此反复滚压 1～3 次,直至花纹凸出为止。

④ 滚花时,切削速度应低一些,一般为 5～10m/min;纵向进给量应大一些,一般为0.3～0.6mm/r。

⑤ 滚压时,还需浇注切削油以润滑滚轮,并经常清除滚压产生的切屑。

a）正确　　　　　　　　　　　　　b）错误

图 4-48　滚花刀的横向进给位置

4.7.4　任务实施

加工如图 4-44 所示的滚花轴。

(1)夹住毛坯外圆,车平面及 Φ38mm 外圆、长 50mm,倒角。

(2)调头夹住 Φ38 外圆,长 30mm,车平面保证总长。

(3)车 Φ42mm 外圆、长至尺寸要求。

(4)滚花达到图样要求。

任务八　综合训练-图纸汇总

4.8.1　任务书

1. 零件图-手柄;

2. 零件图-槽轮轴 1;

3. 零件图-槽轮轴 2;

4. 零件图-螺纹手柄;

5. 零件图-梯形螺纹轴;

6. 装配图。

技术要求:
未注倒角: C1

其余 $\sqrt{\dfrac{12.5}{}}$

M56×1.5

50

4

φ50

1:1.4

$\phi70^{-0.02}_{-0.05}$

3.2

5

71

φ66

35

170

φ80

技术要求：
1.未注倒角C2
2.滚花为网纹且m=0.4

| 名称 | 螺纹手柄 |
| 材料 | 45钢 |

技术要求：
1.不许使用砂布、锉刀、油石加工和修饰工件。
2.未注倒角均为0.5×45°。
3.未注公差按GB/T1804—2000m级。

其余 3.2

牙型放大图

名称	梯形螺纹轴
材料	45钢

技术要求：
1. 不准使用砂纸、油石、锉刀加工表面。
2. 未注倒角均为C0.5。
3. 车1：10锥度使用锥度套规着色检测。
4. 不准使用铰刀。

序号	1	名称	螺杆轴
比例	1:1	材料	45钢

其余 $\sqrt{\dfrac{3.2}{}}$

技术要求:
1. 未注倒角均为C0.5。
2. 不准使用砂纸、油石、锉刀等辅助工具抛光加工表面。
3. Tr32×12(P6) 与件1双线螺纹配作,轴向窜动量和径向摆动量小于0.05。
4. 圆弧加工允许使用成型刀具,R规检测间隙小于0.05。

网纹m0.4
GB/T6403.3-1986

螺纹轴	名称	序号	2
45钢	材料	比例	1:1

其余 $\sqrt{3.2}$

网纹m0.4
GB/T6403.3-1986

26 ± 0.03

12

1.6

1:10配作

C1

C2

$(\phi36.5)$

$\phi58^{0}_{-0.02}$

序号	3	名称	锥套
比例	1:1	材料	45钢

技术要求：
1.未注倒角均为C0.5。
2.不准使用砂纸、油石、锉刀等辅助工具抛光加工表面。
3.1:10圆锥与件1配作，用涂色法检验接触接触面积应大于70%。
4.网纹纹路清晰、光洁、不乱牙。

技术要求:
1.未注倒角均为C2。
2.不准使用砂纸、油石、锉刀等辅助工具抛光加工表面。

序号	4	名称		总辊
比例	1:1	材料		45钢

技术要求：
1. 件1与件2梯形螺纹配合；旋入要灵活。
2. 件3与件1配合；要灵活推入。
3. 件4与件1配合；要推入灵活。

序号	图号	名称	材料
4	件4	芯轴	装配图
3	件3	锥套	45钢
2	件2	螺纹套	
1	件1	螺杆轴	
比例	1:1		

项目五　铣　工

实训目的和要求

(1)了解铣削加工的基本知识。

(2)熟悉铣床主要组成部分名称、运动及作用,了解其他铣床的工作特点及适用场合。

(3)了解铣刀的种类及应用。

(4)了解铣床上工件的安装及附件。

(5)了解铣削加工的应用,熟悉平面、齿形的加工。

安全操作规程

(1)检查铣床主要部件是否处于正常状况,确定周围无障碍后,试车1～2min,情况正常,正式开车。

(2)先开电源开关再开铣床运转开关,应避免带负荷直接开动铣床。下班时应先关铣床运转开关,再切断电源开关。

(3)铣床运转中,操作者应站在安全位置上,不得触摸工件、刀具和传动部件,并要防止切屑飞溅伤人。不得隔着运转部件传递和拿取工具物品等,工作台面不准任意放置工具或其他物品。

(4)调整铣床、变换速度、调换附件、装夹工件和刀具及测量等工作应停车进行。

(5)铣床运转中不得离开工作岗位,因故离开必须停车断电。不能用手拨或嘴吹除切屑,需要时可停车用专用刷子或器具清除。运转中发现异常情况或故障应立即停车检修。

(6)注意做好铣床保养工作,按规定加润滑油。工作结束切断电源,扫清切屑,擦净铣床,导轨面上涂防锈油,调整有关部位,使铣床处于完好的正常状态。

铣削时应注意

(1)铣削前应检查铣刀安装、工件装夹、机床调整等是否正确,特别要注意观察圆柱铣刀的旋向是否使刀刃从前面切入,当用斜齿圆柱铣刀时,刀具受到的轴向分力是否指向主轴等。如有问题,应及时调整。

(2)测量工件尺寸时,务必使铣刀停止旋转,必要时,还需使工件退离铣刀,以免铣刀划伤量具。

(3)铣削过程中不能停止工作台进给,而使铣刀在工件某处旋转,否则会发生"啃刀"现象。

(4)铣削过程中,不使用的进给机构应及时锁紧,工作完毕后及时松开。

(5)端铣时转速很高,要求刀具装夹牢固,并注意切屑飞出伤人。

任务一　铣床操作基础知识

5.1.1　任务书

通过铣床操作基础知识的学习,了解铣床主要组成部件的名称及作用与加工范围;了解常用铣刀、工件的装夹方式及铣削方式;了解铣削加工零件操作,熟悉安全操作注意事项。

5.1.2　知识点和技能点

(1)铣床的种类及组成部件的名称与作用;

(2)常用的铣刀;

(3)铣刀的安装;

(4)铣床附件及工件的装夹方发。

5.1.3　任务说明

实训指导教师在实训室现场讲解,并示范铣床的基本操作。

5.1.4　任务实施

1. 铣床的种类及组成部件的名称与作用

铣床的种类很多,常见的有卧式万能升降台铣床、立式升降台铣床、龙门铣床和数控铣床等。

(1)卧式万能升降台铣床

卧式万能升降台铣床的主轴是水平布置的,故又简称卧铣。图5-1为一卧式万能升降台铣床的外形图,其主要组成部分和作用如下:

① 床身　床身支承并连接各部件,其顶面水平导轨支承横梁,前侧导轨供升降台移动之用。床身内装有主轴和主运动变速系统及润滑系统。

② 横梁　它可在床身顶部导轨前后移动,吊架安装其上,用来支承铣刀杆。

图 5-1　卧式万能升降台铣床

③ 主轴　主轴是空心的,前端有锥孔,用以安装铣刀杆和刀具。

④ 转台　转台位于纵向工作台和横向工作台之间,下面用螺钉与横向工作台相连,松开螺钉可使转台带动纵向工作台在水平面内回转一定角度(左右最大可转过 45°)。

⑤ 纵向工作台　纵向工作台由纵向丝杠带动在转台的导轨上作纵向移动,以带动台面上的工件作纵向进给。台面上的 T 形槽用以安装夹具或工件。

⑥ 横向工作台　横向工作台位于升降台上面的水平导轨上,可带动纵向工作台一起作横向进给。

⑦ 升降台　升降台可沿床身导轨作垂直移动,调整工作台至铣刀的距离。

这种铣床可将横梁移至床身后面,在主轴端部装上立铣头,能进行立铣加工。

卧式万能升降台铣床主要用于铣削中小型零件上的平面、沟槽尤其是螺旋槽和需要分度的零件。

(2)立式升降台铣床

如图 5-2 所示为一立式升降台铣床外观图,由于它的主轴是垂直布置的,故又简称立铣。立式铣床与卧式铣床在很多地方相似,不同的是:立式铣床的床身无顶导轨,也无横梁,而是前上部有一个立铣头,其作用是安装主轴和铣刀。通常立式铣床在床身与立铣头之间还有转盘,可使主轴倾斜一定角度,用来铣削斜面。立式升降台铣床装上面铣刀或立铣刀可加工平面、台阶、沟槽、多齿零件和凸轮表面等。

图 5-2　立式升降台铣床

2. 铣刀的种类及加工范围

铣刀是多刃的旋转刀具,主要分为带刀柄铣刀和无刀柄铣刀。常见的类型见图5-3。

(1)带刀柄铣刀

　a)端铣刀　　　　b)立铣刀　　　c)键槽铣刀　　d)T形槽铣刀　　e)燕尾槽铣刀

(2)无刀柄铣刀

圆柱铣刀　　　　　角度铣刀　　　　　成形铣刀

单面刃　　双面刃　　　三面刃　　错齿三面刃
（槽铣刀）

图5-3　常见的铣刀

3. 铣削加工工艺范围

铣削加工的主要特点是用多刀刃的铣刀来进行切削,效率较高;加工范围广,可以加工各种形状较复杂的零件;加工精度也较高,其经济精度一般为IT9~IT7,表面粗糙度值为 $Ra12.5\sim1.6\mu m$。铣削的基本内容如图5-4所示。

4. 铣刀的安装

(1)带孔铣刀的安装

带孔铣刀多用短刀杆安装,而带孔铣刀中的圆柱形、圆盘形铣刀,多用长刀杆安装,如图5-5所示。长刀杆6一端有7:24锥度与铣床主轴孔配合,并用拉杆1穿过主轴2将刀杆6拉紧,以保证刀杆6与主轴锥孔紧密配合。安装刀具5的刀杆部分,根据刀孔的大小分几种型号,常用的有 $\varphi16$、$\varphi22$、$\varphi27$、$\varphi32$ 等。

用长刀杆安装带孔铣刀时应注意:

① 在不影响加工的条件下,应尽可能使铣刀5靠近铣床主轴2,并使吊架8尽量靠近铣刀5,以保证有足够的刚性,避免刀杆6发生弯曲,影响加工精度。铣刀5的位置可用

a）铣平面　　　　　　　　　　　b）铣螺旋槽

c）铣台阶面　　　　　　　　　　d）铣键槽

e）铣直槽

f）铣成形面　　　　　　　　　g）切断

图 5-4　铣削加工范围

更换不同的套筒 4 的方法调整。

② 斜齿圆柱铣刀所产生的轴向力应指向主轴轴承。

③ 套筒 4 的端面与铣刀 5 的端面必须擦干净，以保证铣刀端面与刀杆 6 轴线垂直。

④ 拧紧刀杆压紧螺母 7 时，必须先装上吊架 8，以防刀杆 6 受力弯曲。

⑤ 初步拧紧螺母，开车观察铣刀是否装正，装正后用力拧紧螺母。

图 5-5　圆盘铣刀的安装

1—拉杆;2—主轴;3—端面;4—套筒;5—铣刀;6—刀杆;7—压紧螺母;8—吊架

（2）带柄铣刀安装

带柄铣刀又有锥柄和直柄之分。安装方法如图 5-6 所示。图 5-6a 为锥柄铣刀的安装图，根据铣刀锥柄尺寸，选择合适的变锥套，将各配合表面擦净，然后用拉杆将铣刀和变锥套一起拉紧在主轴锥孔内。图 5-6b 为直柄铣刀的安装图，这类铣刀直径一般不大于 20mm，多用弹簧夹头安装。铣刀的柱柄插入弹簧套孔内，由于弹簧套上面有三个开口，所以用螺母压弹簧套的端面，致使外锥面受压而孔径缩小，从而将铣刀抱紧。弹簧套有多种孔径，以适应不同尺寸的直柄铣刀。

a）   b）

图 5-6 带柄铣刀

5. 铣床附件及工件的安装

铣床的主要附件有机床用平口虎钳、回转工作台、分度头和万能铣头等。其中前 3 种附件用于安装零件，万能铣头用于安装刀具。当零件较大或形状特殊时，可以用压板、螺栓、垫铁和挡铁把零件直接固定在工作台上进行铣削。当生产批量较大时，可采用专用夹具或组合夹具安装零件，这样既能提高生产效率，又能保证零件的加工质量。

（1）压板螺栓

对于尺寸较大或形状特殊的零件，可视其具体情况采用不同的装夹工具固定在工作台上，安装时应先进行零件找正，如图 5-8 所示。

a）用压板螺钉和挡铁安装零件

b）在工作台侧面用压板螺钉安装零件

c）用V形铁安装轴类零件

d）用角铁和C形夹安装零件

图 5-8 在工作台上安装零件

用压板螺栓在工作台安装零件时应注意以下几点：

① 装夹时,应使零件的底面与工作台面贴实,以免压伤工作台面。如果零件底面是毛坯面,应使用铜皮、铁皮等使零件的底面与工作台面贴实。

夹紧已加工表面时应在压板和零件表面间垫铜皮,以免压伤零件已加工表面。各压紧螺母应分几次交错拧紧。

② 零件的夹紧位置和夹紧力要适当。压板不应歪斜和悬伸太长,必须压在垫铁处,压点要靠近切削面,压力大小要适当。

③ 在零件夹紧前后要检查零件的安装位置是否正确以及夹紧力是否得当,以免产生变形或位置移动。

④ 装夹空心薄壁零件时,应在其空心处用活动支撑件支撑以增加刚性,防止零件振动或变形。

(2)机床用平口虎钳

机床用平口虎钳是一种通用夹具,也是铣床常用的附件之一,它安装使用方便,应用广泛,如图5-7所示主要用于安装尺寸较小和形状简单的支架、盘套、板块、轴类零件。它有固定钳口和活动钳口,通过丝杠、螺母传动调整钳口间距离,以安装不同宽度的零件。铣削时,将平口虎钳固定在工作台上,再把零件安装在平口虎钳上,应使铣削力方向趋向固定钳口方向。

图5-7 平口虎钳结构

1—虎钳体;2—固定钳口;3、4—钳口铁;5—活动钳口;6—丝杠;7—螺母;8—活动座
9—方头;10—压板;11—紧固螺钉;12—回转底盘;13—钳座零线;14—定位键

(3)万能铣头

在卧式铣床上装上万能铣头,其主轴可以扳转成任意角度,能完成各种立铣的工作。万能铣头的外形如图5-9所示。

万能铣头的底座用螺栓固定在铣床的垂直导轨上。铣床主轴的运动通过铣头内的两对锥齿轮传到铣头主轴上。铣头的大本体可绕铣床主轴轴线偏转任意角度,如图5-9b所示。装有铣头主轴的小本体还能在大本体上偏转任意角度,如图5-9c所示。因此,万能铣头的主轴可在空间偏转成任意所需的角度。

(4)回转工作台

回转工作台又称为圆形工作台、转盘和平分盘等,如图5-10所示。它的内部有一对蜗轮蜗杆。摇动手轮,通过蜗杆轴直接带动与转台相连接的蜗轮转动。转台周围有

图 5-9　万能铣头

刻度,用于观察和确定转台位置,亦可进行分度工作。拧紧固定螺钉,可以固定转台。当底座上的槽和铣床工作台上的 T 形槽对齐后,即可用螺栓把回转工作台固定在铣床工作台上。铣圆弧槽时,工件用平口钳或三爪自定心卡盘安装在回转工作台上。安装工件时必须通过找正使工件上圆弧槽的中心与回转工作台的中心重合。铣削时,铣刀旋转,用手(或机动)均匀缓慢地转动回转工作台,即可在工件上铣出圆弧槽,如图 5-11 所示。

图 5-10　回转工作台

图 5-11　在回转工作台上铣圆弧槽

(5)分度头

在铣削加工中,常会遇到铣六方、齿轮、花键和刻线等工作。这时,工件每铣过一面或一个槽之后,需要转过一个角度,再铣削第二面或第二个槽,这种工作叫作分度。分度头是分度用的附件,其中万能分度头最为常见。

① 简单分度方法

万能分度头的传动系统如图 5-12 所示。在作简单分度时,用锁紧螺钉将分度盘的位置固定,拔出定位销,然后转动手柄,通过分度头中的传动机构,使主轴和工件一起转动。手柄转一圈,分度头主轴转 1/40 周,相当于工件作 40 等分。若要将工件作 z 等分,则手柄(定位销)的转数 n 为

图 5-12　万能分度头构造

$$n = \frac{40}{z}$$

图 5-13　用分度头安装工件

例如铣齿数 $z=35$ 的齿轮,每次分齿时手柄转数为

$$n = \frac{40}{z} = \frac{40}{35} = 1\frac{1}{7}$$

图 5-14　万能分度头传动系统

图 5-15　分度盘

也就是说,每分一齿,手柄需转过一整圈再多摇过 1/7 圈。这 1/7 圈一般通过分度盘来控制,分度盘如图 5-16 所示。FW125 型万能分度头备有三块分度盘,每块分度盘有 8 圈孔,孔数分别为:

第一块:16、24、30、36、41、47、57、59;

第二块:23、25、28、33、39、43、51、61;

第三块:22、27、29、31、37、49、53、63。

如上例,$1\frac{1}{7}$ 圈要选一个是 7 的倍数的孔圈。现选 28 孔的孔圈。$1\frac{1}{7}$ 转圈是在转 1

圈后,再在 28 孔的孔圈上转过 4 个孔距。转 4 个孔距可用分度叉(图 7 - 14)来限定。调节两块分度叉 1、2 的夹角,使它俩之间包含 28 孔孔圈的 4 个孔距。分度时,拔出定位销,用手转动手柄,使定位销转过 1 圈又 4 个孔距后插入分度盘即可。作过一次分度后,必须顺着手柄转动方向拨动分度叉,以备下次分度时使用。

由于分度盘上的孔圈数目是有限的,当分度数大于 66,而个位数又是 1、3、7、9 时,由于找不到适合的孔圈,因此无法使用简单分度法,此时就需要使用差动分度法。

5.1.5　拓展训练

铣床是高精度点金属机械加工设备,必须合理端使用和维护保养才能保持其精度。

日常保养:

1. 班前

(1)对重要部位进行检查,擦净外露导轨面并按规定润滑各部。

(2)空运转并查看润滑系统是否正常。检查各油平面,不得低于油标以下,加注各部位润滑油。

2. 班后

(1)做好床身及部件的清洁工作,清扫铁屑及周边环境卫生。

(2)清洁工、夹、量具,各部归位。

定期保养:

1. 床身及外表:

(1)擦拭工作台、床身导轨面、各丝杆、机床各表面及死角、各操作手柄及手轮。

(2)拆卸清洗油毛毡,清除铁片杂质。

(3)停用、备用设备导轨面、滑动面及各部手轮手柄及其他暴露在外易生锈的各种部位应涂油覆盖。

2. 主轴箱和变速箱:

(1)清洁,润滑良好,传动轴无轴向窜动。

(2)清洗换油,更换磨损件。

(3)检查调整离合器、丝杆合令、镶条、压板松紧至合适。

3. 工作台及升降台:

(1)清洁,润滑良好,调整夹条间隙。

(2)检查并紧固工作台压板螺丝,检查并紧固各操作手柄螺丝螺帽。

(3)调整螺母间隙。

(4)清洗手压油泵,清除导轨面毛刺。

(5)对磨损件进行修理或更换。

(6)清洗调整工作台、丝杆手柄及柱上镶条。

4. 冷却系统:

(1)各部清洁,管路畅通。冷却槽内无沉淀铁末。

(2)清洗冷却液槽。

5. 润滑系统:

(1)各部油嘴、导轨面、丝杆及其他润滑部位加注润滑油。

(2)检查主轴牙箱、进给牙箱油位,并加油至标高位置。

(3)油内清洁,油路畅通,油毡有效,油标醒目。

(4)定期更换润滑油。

3. 了解各种铣床

(1)平面铣床(如图 5 - 16a);

(2)单臂龙门铣床(如图 5 - 16b);

(3)双臂龙门铣床(如图 5 - 16c);

a)   b)   c)

图 5 - 16

(4)无升降台铣床(如图 5 - 17a);

(5)圆工作台铣床(如图 5 - 17b)。

a)   b)

图 5 - 17

任务二　铣平面

5.2.1　任务书

在铣床上加工如图 5 - 18 所示的零件。毛坯料为 130mm × 80mm × 7mm 的 Q235A 钢。

图 5 - 18

5.2.2　知识点和技能点

知识点：
(1)铣削方式的选择；
(2)平面加工刀具、量具、夹具、的选择和使用；
(3)平面的加工步骤；
(4)切削用量的选择。
技能点：
(1)常用平面铣刀的装夹和使用；
(2)工件的装夹及对刀；
(3)铣削方式的选择；
(4)切削用量的选择；
(5)尺寸的测量。

5.2.3　任务说明

上图所示的零件形位公差要求较严格,是加工中的重点和难点。

5.2.4　任务实施

1. 铣削方式的选择

铣削有周铣与端铣之分,端铣是用端铣刀的端面齿刃进行铣削,周铣是用铣刀的周边齿刃进行铣削。一般说来,端铣同时参与切削的刀齿数较多,切削比较平稳;且可用修光刀齿修光已加工表面;刚性较好,切削用量可较大。所以,端铣在生产率和表面质量上均优于周铣,在较大平面的铣削中多使用端铣。周铣常用于平面、台阶、沟槽及成型面的加工。

周铣又有顺铣与逆铣两种方式。在铣刀与工件已加工面的切点处,铣刀旋转切削刃的运动方向与工件进给运动方向相同的铣削称为顺铣;反之称为逆铣,如图 5-19 所示。

图 5-19 顺铣和逆铣

逆铣时,每个刀齿的切削厚度是从零增大到最大值,因此铣刀刀齿切入工件的初期,要在滑行一段距离后,才能切入工件。这样,使后刀面磨损加重,同时还会影响已加工表面的质量。另外刀齿对工件作用一个向上的垂直分力。在顺铣时,没有上述缺点。但顺铣时忽大忽小的水平切削分力与工件进给运动是同方向的,工作台进给丝杠与固定螺母间,一般都有间隙,这会造成工作时的窜动和进给量的不均匀,以致引起啃刀或打刀,甚至损坏机床等事故。

2. 工件的装夹

根据工件的工艺要求,选择立式铣床,并校正立铣头零位。校正机床平口虎钳,固定钳口面与纵向进给方向平行后紧固。

3. 刀具的选择

选用直径为 $\varphi 25$ 的高速钢锥柄立铣刀

4. 切削用量的选择

铣削速度为 60mm/min,背吃刀量粗铣时 2mm,精铣时 0.3mm。

5. 工艺过程

铣削操作的方法和顺序是:开车→对刀调整铣削深度→试切→自动或手动进给→进给完毕后退刀→停车检验→合格后卸下工件。其中关键是对刀调整铣削深度,其具体方法是:使工件处于旋转的铣刀下→使铣刀刚划着工件表面→将工件退出,离开铣刀→调整铣削深度切削工件。

零件加工工艺过程

(1)试铣后上升工作台,使铣刀与工件接触,工件表面出现铣削痕迹,退刀让工件与刀口分离,将升降台手柄刻度盘调零。

(2)以 C 面为基准加紧工件铣 A 面,使宽度达 78.5mm。

(3)以 C 面为基准,调面加紧,校平工件铣 B 面,使宽度达 76 ± 0.1mm。

(4)以 A 面基准,夹紧校平工件铣 C 面,使厚度到达到 8.3 ± 0.1mm。

（5）以 A 面为基准，调面夹紧校平铣 D 面，使厚度达到 $7.5\pm0.1mm$。

（6）水平装夹用铣刀侧刃修另外两平行面，使其尺寸达到 $130\pm0.1mm$。

（7）取下工件修锉各边毛刺并检验。

6．工件测量

零件尺寸用游标卡尺测量。

5.2.5　拓展训练

根据工件形状及设备条件可在立式铣床上用端铣刀或在卧式铣床上用圆柱铣刀来铣削平面。

1．端铣刀铣平面（如图 5－20）

目前铣削平面多采用镶硬质合金刀头的端铣刀在立铣或卧铣上进行，由于端铣刀铣削时，切削厚度变化小，同时铣削的刀齿较多，因此，切削角平稳，而且端铣刀的柱面刃承受着主要的切削工作，而端铣刀又有刮光作用，因此表面粗糙度较小

2．圆柱铣刀铣平面（如图 5－21）

圆柱形铣刀的铣削刃分布在圆周上，因此简称周铣法，根据铣刀旋转方向与工作台移动方向的关系，又可分为逆铣和顺铣两种铣削方式。

如果铣床丝杆和其上螺母间有间隙的话，顺铣时过大的切削力会使每一次进给量突然增加，和工作时的转动，严重时会损坏铣刀造成工件报废，因此采用顺铣是要求机床有间隙调整装置，否则在一般情况下采取逆铣法。

图 5－20　端铣刀铣平面

图 5－21　圆柱铣刀铣平面

任务三　铣斜面

5.3.1　任务书

在铣床上加工如图 5－22 所示的零件。毛坯料为 $70mm \times 55mm \times 50mm$ 的 Q235A 钢。

图 5 - 22

5.3.2 知识点和技能点

知识点:
(1)斜面加工刀具、量具、夹具、的选择和使用;
(2)斜面的加工步骤;
(3)切削用量的选择。

技能点:
(1)常用平面铣刀的装夹和使用;
(2)工件的装夹及对刀;
(3)切削用量的选择;
(4)尺寸的测量。

5.3.3 任务说明

零件形位公差要求较严格,是加工中的重点和难点,表面粗糙度要求不高。

5.3.4 任务实施

1. 工件的装夹
根据工件的工艺要求,选择立式铣床,并校正立铣头零位。校正机床平口虎钳,固定钳口面与纵向进给方向平行后紧固。

2. 刀具的选择
选用直径为 60mm 的高速钢面铣刀。

3. 切削用量的选择
主轴转速 500r/min,铣削速度为 60mm/min,背吃刀量粗铣时 2.5mm,精铣时 0.3mm。

4. 工艺过程
(1)工件装夹与找正。选用平口钳,将工件竖直装夹在钳口中,使工件的底面与平口钳导轨面平行。

(2)主轴转角调整。调整时,将主轴回转盘上15°刻线与固定盘上的基准线对准后紧

固。(如图 5 - 23)

(3)对刀。操纵相关手柄,改变工作台及工件位置,目测套式立铣刀,使之处于工件的中间位置后,紧固纵向工作台。开动机床并横向、垂向移动工作台,使铣刀端齿与工件的最高点相接触,在垂向刻度盘上做好记号,然后下降工作台,退出工件。

(4)粗铣斜面。根据刻度盘上的记号,分两次升高垂向工作台进行粗铣加工,每次约2.5mm,留精铣余量约 1mm。

(5)精铣斜面。一般在粗铣后,须经测量确定精铣加工的实际余量,然后精铣斜面,使工件符合图纸要求。

5. 工件测量

零件尺寸用游标卡尺测量,用平尺检查零件表面平面度,用万能角度尺测量角度(如图 5 - 24 所示)。

图 5 - 23

图 5 - 24

5.3.5 拓展训练

斜面的工件很常见,铣削斜面的方法还有很多。

(1)使用倾斜垫铁铣斜面 在零件基准的下面垫一块倾斜的垫铁,则铣出的平面就与基准面倾斜。改变倾斜垫铁的角度,即可加工出不同角度的斜面(如图 5 - 25 所示)。

(2)用角度铣刀铣斜面 较小的斜面可用合适的角度铣刀铣削(如图 5 - 26 所示)。

图 5 - 25

图 5 - 26

(3)利用分度头铣斜面 在一些圆柱形和特殊形状的零件上加工斜面时,可利用分度头将工件转成所需角度铣出斜面。图 5 - 27 铣削为零件图。

图 5 - 27

（4）当加工零件批量较大时，常采用专用夹具铣斜面。

任务四　铣台阶

5.4.1　任务书

如图 5 - 28 所示为在铣床上加工零件。毛坯料为 75mm×20mm×20mm 的 Q235A 材料。

图 5 - 28

5.4.2　知识点和技能点

知识点：
（1）台阶面加工刀具、量具、夹具、的选择和使用；
（2）台阶面的加工步骤；
（3）切削用量的选择。
技能点：
（1）常用平面铣刀的装夹和使用；

（2）工件的装夹及对刀；

（3）切削用量的选择；

（4）尺寸的测量。

5.4.3　任务说明

零件形位公差要求较严格，是加工中的重点和难点，尺寸要求较松。

5.4.4　任务实施

1. 工件的装夹

根据工件的工艺要求，选择立式铣床，并校正立铣头零位。校正机床平口虎钳，固定钳口面与纵向进给方向平行后紧固。

2. 刀具的选择

选用三面刃铣刀

3. 切削用量的选择

主轴转速 500r/min，进给速度为 60mm/min，背吃刀量粗铣时 2.5mm，精铣时 0.3mm。

4. 工艺过程（如图 5-29 所示）

（1）采用擦边法对刀，使外圆刀刃擦到工件表面，退出工件，使工作台上升 t ＝3.5mm。

（2）横向移动工作台，使铣刀侧面擦到工件外侧，横向移动工作台 B＝3mm，开始铣削。

（3）第一个台阶铣削完成后，工作台横向移动 A＝L＋C＝20＋8＝28mm，试切测量，调整后开始铣削第二个台阶面。

（4）粗铣后精铣第二个台阶面。

（5）精铣第一个台阶面。

图 5-29

5. 工件测量

零件尺寸用游标卡尺测量。

5.4.5　拓展训练

台阶面的工件很常见,铣削台阶面的方法很多,用以下三种方法铣削零件图。

(1)用立铣刀铣削台阶面(如图 5-30 所示),并铣削项目零件(如图 5-31 所示)。

图 5-30

图 5-31

(2)端铣刀铣削台阶面(如图 5-32 所示)。

图 5-32

（3）组合三面刃铣刀铣削台阶面（如图5-33），铣削图5-34所示零件。

图5-33

图5-34

任务五　铣沟槽

5.5.1　任务书

在铣床上加工如图5-35所示的零件。毛坯料为105mm×45mm×20mm的Q235A钢。

5.5.2　知识点和技能点

知识点：

（1）沟槽加工刀具、量具、夹具、的选择和使用；

（2）沟槽的加工步骤；

图5-35

(3)切削用量的选择。

技能点：

(1)常用沟槽铣刀的装夹和使用；

(2)工件的装夹及对刀；

(3)切削用量的选择；

(4)尺寸的测量。

5.5.3　任务说明

零件形位公差要求较严格，是加工中的重点和难点，尺寸要求较松。

5.5.4　任务实施

1. 工件的装夹

根据工件的工艺要求，选择立式铣床，并校正立铣头零位。机用平口钳装夹工件下面垫两块较窄的平行垫铁，以便立铣刀穿过。

2. 刀具的选择

槽孔尺寸精度不高，所以选用直径为 16mm 的立铣刀，刀齿数为 2 刃。

3. 切削用量的选择

主轴转速 400r/min，进给速度为 30mm/min 或手动进给。

4. 工艺过程

(1)画线并钻直径 15mm 点落刀孔。

(2)移动工作台和主轴套筒，使铣刀对准落刀孔，紧固套筒，并进行横向夹紧。

(3)上升工作台使铣刀穿过落刀孔，采用纵向进给铣削至图样尺寸。

5. 工件测量

零件尺寸用游标卡尺测量。

5.5.5　拓展训练

铣床能加工的沟槽种类很多，像直槽、键槽、特型沟槽等。特型沟槽如角度槽、V 型槽、T 型槽、燕尾槽等。根据沟槽柱工件上的位置又分为通槽、半通槽和封闭槽三种(如图 5-36 所示)。

　　　a)通槽　　　　　　　b)半通槽　　　　　　　c)封闭槽

图 5-36

根据沟槽的形式和种类,加工时首先要选择相应的铣刀。通常通槽用圆盘铣刀,封闭槽用立铣刀或者键槽铣刀,半通槽则需根据封闭端形式,采用不同的铣刀进行加工。对特型沟槽采用相应的特型铣刀。

1. 铣轴上键槽的铣削

(1)铣削时可选用圆盘铣刀或立铣刀加工(如图5-37所示)。

图5-37

(2)铣刀的中心应和轴的中心对准,对刀方法(如图5-38所示)。

a)　　　　　　　　　　b)

图5-38

(3)加工以下零件的键槽(如图5-39所示)。

图5-39

任务六　特型沟槽的铣削

5.6.1　任务书

加工如图 5－40 所示零件,毛坯为 45 号钢。

图 5－40

5.6.2　知识点和技能点

知识点:
(1)V 型槽加工刀具、量具、夹具的选择和使用。
(2)T 型槽加工刀具、量具、夹具的选择和使用。
(3)燕尾槽加工刀具、量具、夹具的选择和使用。
(4)切削用量的选择。
技能点:
(1)工件的装夹及对刀。
(2)V 形槽、T 形槽、燕尾槽的加工方法。
(3)尺寸的测量。

5.6.3　任务说明

零件对于垂直度,角度要求较高,是加工中的重点和难点。

5.6.4　任务实施

1. 工件的装夹
根据工件的工艺要求,选用机用平口钳装夹工件。

2. 刀具的选择

可选用立铣刀,盘铣刀加工。

3. 切削用量的选择

主轴转速 400r/min,进给速度为 30mm/min 或手动进给。

4. 工艺过程(如图 5-41)

(1)平口钳,工件安装找正。

(2)铣宽度 2,深 13 的窄槽。

(3)立铣头倾斜 45 度,铣削 V 型槽。

(4)铣削另外 2 个 V 型槽。

图 5-41

5. 工件测量

零件尺寸用游标卡尺测量长度,万能角度尺测量角度或用标准量棒间接测量(如图 5-42 所示)。

图 5-42

5.6.5　拓展训练

1. 改变工件装夹位置铣削 V 型槽

用于精度不高的 V 型槽,画线找正 V 型槽的一侧面,使之与工作台台面平行后夹紧工件,铣完一侧面后,重新找正另一侧面夹紧工件,进行铣削(如图 5-43 所示)。

图 5-43

2. 角度铣刀铣削 V 型槽

零件 V 型槽角度小于或等于 90 度,一般采用与其角度相同的对称双角铣刀加工,若无合适的双角铣刀,则可用两把切削刃相反,规格相同的单角铣刀组合起来铣削(如图 5 - 44 所示)。

图 5 - 44

3. 铣削 T 型槽

T 型槽多用于机床的工作台或附件上,主要用在与配套夹具的定位和固定(如图 5 - 45 所示)。T 型槽由直槽和底槽组成,其底槽的两侧面平行于直槽。铣削方法如图 5 - 46 所示。

图 5 - 45

a)   b)   c)

图 5 - 46

4. 铣削燕尾槽

燕尾槽是机械零部件联接中广泛采用的一种结构,用来作为机械移动部件的导轨,燕尾槽分为内燕尾槽和外燕尾槽,它们是相配合使用的,如图 5 - 47 所示。其角度、宽度和深度都有较高的精度要求,对燕尾槽上斜面的平面度要求也较高。燕尾槽的角度有

45°、50°、55°、60°等多种,一般采用55°。

图 5 - 47

(1)铣刀选用三面刃铣刀、立铣刀和燕尾槽铣刀(如图 5 - 48 所示)。

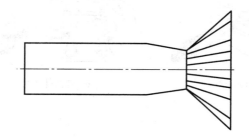

图 5 - 48

(2)铣削凹直角槽和凸台直角,在卧式铣床上用三面刃盘形铣刀或在立式铣床上用立铣刀,铣削出凹凸直角(如图 5 - 49 所示)。

a)铣削凹直角槽　　　　　　　　b)铣削凸台直角

图 5 - 49

(3)将加工好的直角槽加工成燕尾槽(如图 5 - 50 所示)。

a)铣削内燕尾槽　　　　　　　　b)铣削外燕尾槽

图 5 - 50

(4)燕尾槽的检测,如图5-51所示,用万能角度尺和深度千分尺测量内、外燕尾槽槽形角大小和深度或高度尺寸。

a)预检内槽宽　　　　　　b)检测内槽宽　　　　　　c)内槽形角检测

d)预检外槽宽　　　　　　c)检测外槽宽

图5-51

项目六　磨工与刨工

实训目的和要求

（1）了解磨削加工的基本知识。

（2）了解外圆磨床、平面磨床的组成及功用。

（3）了解外圆磨削、平面磨削、内圆磨削的工作特点。

（4）了解刨削加工的基本知识。

（5）了解刨床的类别及应用。

安全操作规程

（1）工作时要穿工作服，女学生要戴安全帽，不能戴手套，夏天不得穿凉鞋进入车间。

（2）应根据工件材料、硬度及磨削要求，合理选择砂轮。新砂轮要用木槌轻敲检查有否裂纹，有裂纹的砂轮严禁使用。

（3）开机前应检查磨床的机械、砂轮罩壳等是否坚固；防护装置是否齐全。启动砂轮时不应正对砂轮站立。

（4）砂轮应经过 2min 空运转试验，确定砂轮运转正常时才能开始磨削。

（5）干磨的磨床在修整砂轮时要戴口罩并开启吸尘器。

（6）外圆磨床纵向挡铁的位置要调整得当，要防止砂轮与顶尖、卡盘、轴肩等部位发生撞击。

（7）使用卡盘装夹工件时，要将工件夹紧，以防脱落。卡盘钥匙用后应立即取下。

（8）在头架和工作台上不得放置工、量具及其他杂物。

（9）在平面磨床上磨削高而窄的工件时，应在工件的两侧放置挡块。

（10）使用切削液的磨床，使用结束后应让砂轮空转 1min～2min 脱水。

（11）机床运转时，禁止装卸工作、调整刀具、测量检查工件和清除切屑。运行时，操作人员不得离开工作岗位。

（12）刨床运行前，应检查和清理遗留在刨床工作台面上的物品，不得随意放置工具或其他物品，以免刨床开动后，发生意外伤人。并应检查所有手柄和开关及控制旋钮是否处于正确位置。暂时不使用的其他部分，应停留在适当位置，并使其操纵或控制系统处于空挡位置。

（13）注意安全用电，不得随意打开电气箱。操作时如发现电气故障应请电工维修。

(14)实习中应注意文明操作,要爱护工具、量具、夹具,保持其清洁和精度完好;要爱护图样和工艺文件。

(15)要注意实习环境文明,做到实习现场清洁、整齐、安全、舒畅。做到现场无杂物、无垃圾、无切屑、无油迹、无痕迹、无烟头。

任务一　磨床操作

在磨床上用砂轮对工件表面进行切削加工的方法称为磨削加工。它是零件精密加工的主要方法之一,尺寸公差等级一般可达 IT6～IT5,高精度磨削可超过 IT5,表面粗糙度 Ra 值一般为 $0.8～0.2\mu\mathrm{m}$,低粗糙度的镜面磨削可使 Ra 值小于 $0.01\mu\mathrm{m}$。

磨削与其他加工方法相比,可以获得较高的精度和较低的表面粗糙度、可以加工用其他刀具无法加工的硬材料,且砂轮有自锐作用,但径向分力较大、磨削温度高,因此,磨削加工主要用于零件的内外圆柱面、内外圆锥面、平面、成形表面(如齿轮、螺纹、花键)的精加工,如图 6-1 所示。

a)磨外圆　　　　　　　b)磨内孔　　　　　　　c)磨平面

d)无心磨磨外圆　　　　e)磨螺纹　　　　　　　f)磨齿轮

图 6-1　磨削的应用

6.1.1　任务书

(1)了解普通磨床的种类、型号、用途、主要结构几手柄操作方法;

(2)了解砂轮的特性、选择和使用方法;

(3)磨床日常维护与保养。

6.1.2　知识点和技能点

知识点：
(1)磨削加工的方法；
(2)砂轮的特性及选择。
技能点：
(1)机床组成、手柄的操作及工件的安装；
(2)砂轮的安装、静平衡及修整。

6.1.3　任务说明

砂轮的识别、操作及安全文明生产，了解磨床的结构范围就操作方法。

6.1.4　任务实施

1. 磨床
磨床的种类很多，常用的有外圆磨床、内圆磨床和平面磨床等。
(1)外圆磨床
用于磨削外圆的磨床有普通外圆磨床、万能外圆磨床和无心外圆磨床等，其中万能外圆磨床是应用最广泛的磨床。
图 6-2 是 M1432A 型万能外圆磨床的外形图，其主要部件组成如下：

图 6-2　万能外圆磨床

◆ 床身　床身是磨床的基础支撑件，它的形状为 T 字形，在前部有纵向导轨，供工作台纵向进给用；在后部有横向导轨，供砂轮架横向进给用。床身内部装有液压传动系统。床身前侧安装着液压操纵箱。

◆ 头架　头架安装在工作台顶面的左端,用于安装及夹持工件,并带动工件旋转。头架在水平面内可按逆时针方向转90°,以适应卡盘夹持工件磨削锥体和端面的需要。

◆ 尾架　尾架安装在工作台顶面的右端,用后顶尖和头架的前顶尖一起支承工件。为适应不同长度工件的需要,尾架在工作台上的位置可以左右移动进行调节。尾架套筒在装卸工件时的退回,可以手动,也可以液动。用脚踏操纵板就能液动。

◆ 工作台　工作台由上下两层组成,上工作台可相对下工作台在水平面内扳转一的定角度(≤±10°),以便磨削锥度不大的长外圆锥面。下工作台下面固定着液压传动的液压缸和齿条,通过液压传动,使下工作台带动上工作台一起作机动纵向进给;通过手轮、齿轮和齿条,可手动纵向进给或作调节用。

◆ 砂轮架　砂轮架用于支撑并传动高速旋转的砂轮主轴。砂轮架可作自动间歇的横向进给或手动横向进给,以及作快速趋近和离开工件的横向移动。当需磨削短圆锥面时,砂轮架可以在水平面内调整至一定角度位置(±10°)。

◆ 内圆磨头　内圆磨头以铰链方式安装在砂轮架的前上方,需要磨孔时翻下来(图6-3),不用时翻向上方(图6-2)。内圆磨头由单小型电动机驱动,转速为每分钟几千转到几万转。

万能外圆磨床可用于内外圆柱表面、内外圆锥表面的精加工,虽然生产率较低,但由于其通用性较好,被广泛用于单件小批生产车间、工具车间和机修车间。

(2)平面磨床

平面磨床主要用于磨削各种工件的平面。

图6-4为卧轴矩台平面磨床的外形图。砂轮架内装有电动机,直接驱动砂轮轴旋转,作主运动。砂轮架可以随着滑鞍一起沿立柱上的垂直导轨上下移动,作调节位置或切入运动用。砂轮架又可由液压传动驱动,沿着滑鞍的导轨间歇运动,作横向进给运动。工作台上安装着磁性工作台以装夹工件。工作台由液压传动在床身顶部的导轨上作直线往复运动,这是纵向进给运动。砂轮磨损后,可用砂轮修整装置在砂轮架横向往复运动中修整砂轮。

图6-3　内圆磨头

图6-4　卧轴矩台平面磨床

2．砂轮

（1）砂轮的特性

砂轮是磨削的主要工具，它是由磨料和结合剂构成的多孔物体，其中磨料、结合剂和孔隙是砂轮的三个基本组成要素，如图6-5所示。随着磨料、结合剂及砂轮制造工艺等的不同，砂轮特性可能差别很大，对磨削加工的精度、表面粗糙度和生产效率有着重要的影响。因此，必须根据具体条件选用合适的砂轮。

图6-5　磨削示意图

砂轮的特性由磨料、粒度、硬度、结合剂、组织、形状及尺寸等因素来决定，现分别介绍如下。

① 磨料及其选择

磨料是制造砂轮的主要原料，它担负着切削工作。因此，磨料必须锋利，并具备高的硬度、良好的耐热性和一定的韧性。

常用磨料的名称、代号、特性和用途见表6-1。

表6-1　常用磨料的名称、代号、特性和用途

类别	名称	代号	特　性	适用范围
氧化物类	棕刚玉	A	含91～96％氧化铝。棕色，硬度高，韧性好，价格便宜；	磨削碳钢、合金钢、可锻铸铁、硬青铜等；
	白刚玉	WA	含97～99％氧化铝。白色，比棕刚玉硬度高，韧性低，自锐性好，磨削时发热少；	精磨淬火钢、高碳钢、高速钢及薄壁零件；
	铬刚玉	PA	玫瑰红色，韧性比白刚玉好；	磨削高速钢、不锈钢、成形磨削、高表面质量磨削；
碳化物类	黑碳化硅	C	含95％以上的碳化硅。呈黑色或深蓝色，有光泽。硬度比刚玉类高，但韧性差。导热性、导电性良好；	磨削脆性材料，如铸铁、有色金属、耐火材料、非金属材料；
	绿碳化硅	GC	含97％以上的碳化硅。呈绿色，硬度和脆性比C更高，导热性、导电性好；	磨硬质合金、光学玻璃、宝石、玉石、陶瓷及珩磨发动机缸套等；
高硬磨料类	人造金刚石	D	无色透明或淡黄色、黄绿色、黑色。硬度高。比天然金刚石性脆，价格比其他磨料贵好多倍；	磨削硬质合金、宝石等高硬度材料；
	立方碳化硼	CBN	硬度仅次于金刚石，韧性较金刚石好；	磨削、研磨、珩磨各种既硬又韧的淬火钢和高钼、高矾、不锈钢

② 粒度及其选择

粒度表示磨粒的粗细程度。粒度分磨粒与微粉两组。磨粒的粒度号是以筛网上一英寸长度内的孔眼数来表示。可见,粒度号越大,颗粒越细。微粉的粒度号以代号 W 及磨料的实际尺寸(单位:μm)来表示。

磨料粒度的选择主要与加工表面的粗糙度和生产率有关。

粗磨时,磨削余量大,要求表面粗糙度不很高,应选用粒度较粗的磨粒。因为磨粒粗,气孔大,磨削深度可较大,砂轮不易堵塞和发热。

精磨时,余量较小,要求表面粗糙度较低,可选取细的磨粒。一般来说,磨粒愈细,磨削表面愈光洁。

不同粒度砂轮的应用见表6-2。

表6-2 不同粒度砂轮的使用范围

砂轮粒度	一般使用范围	砂轮粒度	一般使用范围
14~24#	磨钢锭、切断钢坯,打磨铸件毛刺等;	120#~W20	精磨、珩磨和螺纹磨;
36~60#	一般磨平面、外圆、内圆以及无心磨等;	W20以下	镜面磨、精细珩磨
60~100#	精磨和刀具刃磨等;		

③ 结合剂及其选择

结合剂是砂轮中粘结分散的磨粒使之成形的材料。砂轮能否耐腐蚀、能否承受冲击和经受高速旋转而不致破裂,主要取决于结合剂。常用结合剂的种类、性能及用途见表6-3。

表6-3 常用结合剂

名　称	代号	性　能	用　途
陶瓷结合剂	V	耐水、耐油、耐酸碱,能保持正确的几何形状,气孔率大,磨削率高,强度较大,韧性、弹性、抗振性差,不能承受侧向力;	$V_砂<35m/s$ 的磨削,这种结合剂应用最广,能制成各种磨具,适用于成形磨削和磨螺纹、齿轮、曲轴等;
树脂结合剂	B	强度大,弹性好,耐冲击,能高速工作,有抛光作用,坚固性和耐热性比陶瓷结合剂差,不耐酸碱,气孔率小,易堵塞;	$V_砂>50m/s$ 高速磨削,能制成薄片砂轮磨槽,刃磨刀具前刀面。高精度磨削湿磨时,切削液中含碱量应<1.5%;
橡胶结合剂	R	强度和弹性比树脂结合剂更大,气孔率小,磨粒容易脱落,耐热性差,不耐油、不耐酸而且还有臭味;	制造磨削轴承沟道的砂轮和无心磨削砂轮,导轮以及各种开槽和切割用薄片砂轮,制成柔软抛光砂轮等;
金属结合剂(青铜、电镀镍)	M	韧性、成型性好,强度大,自锐性能差;	制造各种金刚石磨具,使用寿命长

④ 硬度及其选择

砂轮的硬度是指砂轮表面上的磨粒在外力作用下脱落的难易程度。砂轮的硬度软,表示砂轮的磨粒容易脱落,砂轮的硬度硬,表示磨粒较难脱落。由此可见,砂轮的硬度与磨料的硬度是两个完全不同的概念。硬度相同的磨料,可以制成硬度不同的砂轮。

砂轮的硬度主要取决于结合剂的粘结能力及含量。结合剂的粘结力强或含量多时,砂轮的硬度高。

根据规定,常用砂轮的硬度等级见表 6 - 4。

表 6 - 4　常用砂轮硬度等级

硬度等级	大级	超软	软			中软		中		中硬			硬		超硬
	小级	超软	软 1	软 2	软 3	中软 1	中软 2	中 1	中 2	中硬 1	中硬 2	中硬 3	硬 1	硬 2	超硬
代号		D、E、F	G	H	J	K	L	M	N	P	Q	R	S	T	Y

砂轮的硬度对磨削生产率和磨削表面质量都有很大的影响。如果砂轮太硬,磨粒磨钝后仍不能脱落,则磨削生产率很低,工件表面粗糙,并可能被烧伤。如果砂轮太软,磨粒未磨钝已从砂轮上脱落,则砂轮损耗大,形状不易保持,影响工件质量。砂轮的硬度合适,磨粒磨钝后因磨削力增大而自行脱落,使新的锋利的磨粒露出,砂轮具有自锐性,则磨削效率高,工件表面质量好,砂轮的损耗也小。

砂轮硬度选择的一般原则是:磨削软材料选较硬的砂轮,磨削硬材料选较软的砂轮。精磨时,为了保证磨削精度和表面粗糙度要求,应选用稍硬的砂轮。工件材料的导热性差,易产生烧伤和裂纹时(如磨硬质合金等),选用的砂轮应软些。

⑤ 组织及其选择

砂轮的组织表示砂轮结构的松紧程度。根据磨粒、结合剂和气孔三者体积的不同,将砂轮组织分为紧密、中等和疏松三大类,并进一步分为 15 级,见表 6 - 5。数字愈大,磨料所占体积愈小,表明砂轮结构也愈疏松,气孔数量也愈多。

表 6 - 5　砂轮组织

组织分类	紧　密				中　等				疏　松						
组织号	0	1	2	3	4	5	6	7	8	9	10	11	12	13	14
磨粒率/%	62	60	58	56	54	52	50	48	46	44	42	40	38	36	34
用途	成形磨削、精密磨削				磨削淬火钢、刀具刃磨				磨削韧性大而硬度不高材料					磨削热敏性大材料	

组织疏松多孔,可容纳磨屑,还可将冷却液或空气带入磨削区域,以降低磨削温度,减少工件发热变形,避免产生烧伤和裂纹,但过分疏松的砂轮,其磨粒含量较少,容易磨钝,故常用中等组织。

⑥ 形状、尺寸及其选择

根据机床结构与磨削加工需要,砂轮可制成各种形状与尺寸。表 6 - 6 是常用的几种砂轮形状、尺寸、代号及用途。

表 6-6 常用砂轮的形状、代号及用途

代号	名称	断面形状	形状尺寸标记	主要用途
1	平形砂轮		$1-D\times T\times H$	磨外圆、内孔,无心磨,周磨平面及刃磨刀具;
2	筒形砂轮		$2-D\times T-W$	端磨平面;
4	双斜边砂轮		$4-D\times T/U\times H$	磨齿轮及螺纹;
6	杯形砂轮		$6-D\times T\times H-W,E$	端磨平面;刃磨刀具后刀面;
11	碗形砂轮		$11-D/J\times T\times H-W,E,K$	端磨平面;刃磨刀具后刀面;
12a	碟形一号砂轮		$12a-D/J\times T/U\times H-W,E,K$	刃磨刀具前刀面;
41	薄片砂轮		$41-D\times T\times H$	切断及磨槽

注:↓所指表示基本工作面。

为了便于砂轮的选用及管理,砂轮的形状、尺寸及特性参数通常都标记在砂轮的端面上,一般顺序为:形状、尺寸、磨粒、粒度号、硬度、组织号、结合剂、最高线速度,其中尺寸的标记顺序为:外径×厚度×内径。如 $300\times30\times75$WA60L6V35,表示平形砂轮,外径 300mm,厚度 30mm,内径 75mm,白刚玉磨料,60 号粒度,硬度为中软,6 号组织,陶瓷结合剂,最高线速度 35m/s。

（2）砂轮的选用

选用砂轮时,应综合考虑工件的形状、材料性质及磨床结构等各种因素,具体可参照表6-7的推荐加以选择。在考虑尺寸大小时,砂轮的外径应尽可能选得大些,以提高砂轮的圆周速度,这样对提高磨削加工生产率与降低表面粗糙度值有利。此外,在机床刚度及功率许可的条件下,如选用宽度较大的砂轮,同样能收到提高生产率和降低粗糙度值的效果,但是在磨削热敏性高的材料时,为避免工件表面的烧伤和产生裂纹,砂轮宽度应适当减小。

表6-7　砂轮的选用

磨削条件	粒度		硬度		组织		结合剂		
	粗	细	软	硬	松	紧	V	B	R
外圆磨削				●			●		
内圆磨削			●				●		
平面磨削			●				●		
磨削软金属	●			●	●				
磨韧性、塑性好的材料	●				●			●	
磨硬脆材料		●	●						
无心磨削				●			●		
荒磨、打磨毛刺	●		●					●	●
精密磨削		●		●		●	●		
高精密磨削		●		●		●	●	●	
超精密磨削		●		●		●	●	●	
镜面磨削		●	●			●		●	
高速磨削		●		●					
磨削薄壁工件	●		●		●			●	
干磨	●		●						
湿磨		●		●					
成形磨削		●		●	●	●			
磨热敏性材料	●				●				
刀具刃磨			●				●		
钢材切断			●					●	●

（3）砂轮的安装、平衡和修整

砂轮因在高速下工作,安装时应首先检查外观没有裂纹后,再用木槌轻敲,如果声音嘶哑,则禁止使用,否则砂轮破裂后会飞出伤人。砂轮的安装方法如图6-6所示。

为使砂轮工作平稳,一般直径大于125mm的砂轮都要进行平衡试验,如图6-7所示。将砂轮装在心轴上,再将心轴放在平衡架的平衡轨道的刃口上。若不平衡,较重部分总是转到下面,这时可移动法兰盘端面环槽内的平衡铁进行调整。经反复平衡试验,直到砂轮可在刃口上任意位置都能静止,即说明砂轮各部分的质量分布均匀,这种方法称为静平衡。

图 6-6 砂轮的安装

图 6-7 砂轮的静平衡

砂轮工作一定时间后,磨粒逐渐变钝,砂轮工作表面空隙被堵塞,使之丧失切削能力。同时,由于砂轮硬度不均匀及磨粒工作条件不同,使砂轮工作表面磨损不匀,形状被破坏,这时必须修整。修整时,将砂轮表面一层变钝的磨粒切去,使砂轮重新露出完整锋利的磨粒,以恢复砂轮的几何形状。砂轮常用金刚石笔进行修整,如图6-8所示。修整时要使用大量的冷却液,以免金刚石因温度急剧升高而破裂。

图 6-8 砂轮的修整

3. 磨削的结构方法

(1)外圆磨削

外圆磨削是对工件圆柱、圆锥、台阶轴外表面和旋转体外曲面进行的磨削。磨削一般作为外圆车削后的精加工工序,尤其是能消除淬火等热处理后的氧化层和微小变形。

外圆磨削可以在外圆磨床和无心外圆磨床上进行。

① 工件的安装

安装方式有顶尖安装、卡盘安装和心轴安装等。顶尖安装是外圆磨削最常用的安装方法。磨床前、后顶尖均使用不随工件转动的死顶尖,以减小因顶尖轻微跳动引起的定位误差,提高加工精度。磨削前要对轴的中心孔进行修研,以消除中心孔的变形和氧化皮,提高加工精度。修研中心孔一般用油石顶尖,在车床、钻床上进行或本机床上进行,将中心孔研亮即可。

② 磨削方法

在外圆磨床上磨削外圆常用的方法有纵磨法和横磨法两种,如图6-9所示。

◆ 纵磨法(图6-9a) 磨削时砂轮作高速旋转的主运动,工件旋转并和工作台一起作往复直线运动,完成圆周进给和纵向进给运动,每当工件一次往复行程终了时,砂轮做周期性的横向进给运动。每次磨削量很小,磨削余量是在多次往复行程中切除的。

由于每次磨削量小,所以磨削力小,磨削热少,散热条件较好,还可以利用最后几次无横向进给的光磨行程进行精密,因此加工精度和表面质量较高。此外,纵磨法具有较大的适应性,可以用一个砂轮加工不同长度的工件。但是,它的磨削效率较低,因为砂轮的宽度处于纵向进给方向,其前部分的磨粒担负主要切削作用,而后部分的磨粒担负修光作用,故广泛用于单件、小批生产及精磨,特别适用于细长轴的磨削。

◆ 横磨法(图6-9b)　又称切入磨法,磨削时,工件没有纵向进给运动,而砂轮以很慢的速度作连续的横向进给运动,直至磨去全部磨削余量。由于砂轮全宽上各处的磨粒的切削能力都能充分发挥,因此磨削效率高。但因为没有纵向进给运动,砂轮由于修整不好或磨损不均匀所产生的形状误差会复映到工件上;并且因砂轮与工件的接触长度大,磨削力大,发热量多,磨削温度高。因此,磨削精度比纵磨法的低,而且工件表面容易退火和烧伤。横磨法一般适于成批及大量生产中,磨削刚性较好,长度较短的工件外圆表面。或者两侧都有台阶的轴颈,如曲轴的曲拐颈等,尤其是工件上的成形表面,只要将砂轮修整成形,就可直接磨出,较为简便,生产率高。

a)纵磨法　　　　　　　　　　b)横磨法

图6-9　在外圆磨床上磨外圆

(2)内圆磨削

内圆磨削可以在内圆磨床上进行,也可以在万能外圆磨床上进行。

与外圆磨削类似,内圆磨削也有纵磨法和横磨法之分。纵磨圆柱孔时,工件安装在卡盘上(图6-10),在其旋转的同时沿轴向作往复直线运动(即纵向进给运动)。装在砂轮架上的砂轮高速旋转作主运动,并在工件或砂轮往复行程终了时做周期性的横向进给运动。若磨圆锥孔,只需将磨床的头架在水平方向偏转一个斜角即可。而由于砂轮轴的刚性较差,横磨法仅适用于磨平削短孔及内成形面。所以,内圆磨削多数情况下是采用纵磨法。

图6-10　磨圆柱孔

(3)平面磨削

高精度平面及淬火零件的平面加工,大多数采用平面磨削方法。平面磨削主要在平面磨床上进行。按主轴布局及工作台形状的组合,普通平面磨床可分为以下四类(图6-11):

① 周磨(图6-11a、b)　周磨是利用砂轮的圆周面进行的磨削。周磨时,砂轮与工件的接触面积小,磨削热少,排屑和冷却条件好,工件不易变形,砂轮磨损均匀,因此可获

得较高的精度和较小的表面粗糙度 Ra 值,适用于批量生产中磨削精度较高的中小型零件,但生产率低。相同的小型零件可多件同时磨削,以提高生产率。

周磨达到的尺寸公差等级为 IT6~IT7,表面粗糙度 Ra 值为 0.8~0.2μm。

② 端磨(图6-11c、d) 端磨是指利用砂轮的端面进行的磨削。端磨时,砂轮轴悬伸长度短,刚性好,可采用较大的磨削用量,生产率较高。但砂轮与工件接触面积较大,发热量多,冷却与散热条件差,工件热变形大,易烧伤,砂轮端面各点圆周速度不同,砂轮磨损不匀,所以磨削质量较低。一般用于磨削精度要求不高的平面,或代替铣削、刨削作为精加工前的预加工。

平面磨削一般利用电磁吸盘装夹工件,因为电磁吸盘装卸工件简单、方便、迅速,且能同时装夹多个工件,生产率高。还有利于保证工件的平行度。此外,使用具有磁导性夹具,可磨削垂直面和倾斜面。磨削铜、铝等非磁性材料,可用精密虎钳装夹,然后用电磁吸盘吸牢,或采用真空吸盘进行装夹。键、垫圈、薄壁套等小尺寸工件与吸盘接触面小,吸力弱,易被磨削力弹飞或挤碎砂轮,因此装夹时需在工件周围用面积较大的铁板围住。

a)卧轴矩台平面磨床　　b)卧轴圆台平面磨床　　c)立轴矩台平面磨床　　d)立轴圆台平面磨床

图6-11　平面磨床的形式

4. 手柄的操作

如图6-12示磨床为实训加工所使用机床)。

(1)横向手柄:位于床身右侧,控制横向拖板。顺时针转动,工作台则向前移动。逆时针转动,工作台则向后移动。手轮转动一周,拖板移动5mm,手轮转动一小格,拖板移动0.02mm。

(2)砂轮进给手轮:位于床身右下方,控制砂轮工作台上下运动。逆时针转动手轮,砂轮则向下运动。顺时针转动手轮,砂轮则向上运动。手轮每转动一小格,砂轮移动0.01mm。手轮转动一圈,砂轮移动1.25mm。

图6-12　M618磨床

(3)数字显示屏:位于立柱右侧,主要对砂轮上下进给、工作台前后位移直接作数值显示,最小值为0.005mm。

5. 磨床的日常维护与保养

磨床的日常保养很重要,要正确操作磨床,防止产生磨床故障或损坏机床,造成机床精度降低。磨床的保养应注意以下几点:

(1)合理操作磨床,不损坏磨床部件、机械结构;

(2)工作前后须清理机床,检查磨床部件、机械结构、液压系统、冷却系统是否正常,并及时修理排除磨床故障;

(3)在工作台上调整头架、尾座位置时,须擦净其连接面,并涂润滑油后移动头架或尾座,保护工作台、头架、尾座连接间的有关机床精度;

(4)人工润滑的部位应按规定的油类加注,并保证一定的油面高度;

(5)定期冲洗冷却系统,合理更换切削液。处理废切削液应符合环境要求;

(6)高速滚动轴承的温度应低于60℃;

(7)不同精度等级和参数的磨床与加工工件的精度和尺寸参数相对应,以保护机床精度;

(8)磨床敞开的滑动面和机构须涂防锈油;

(9)不碰撞或拖毛机床工作台和部件。

任务二　磨平面与磨外圆柱面

6.2.1　任务书

(1)在 M618 磨床上加工四方体如图 6-13 所示;

图 6-13　四方体

（2）用 M1420A 万能磨床加工图 6－14 示工件；

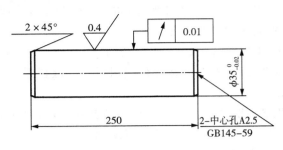

图 6－14　圆柱体

6.2.2　知识点和技能点

知识点：
(1)砂轮、量具、夹具的选用；
(2)平面磨削与外圆磨削的加工步骤。

技能点：
(1)砂轮的安装及修整；
(2)工件的装夹与对刀；
(3)切削用量的选择；
(4)工件的测量。

6.2.3　任务说明

工件的加工步骤:选择砂轮──→装夹工件及砂轮──→选择切削用量并调整机床──→确定磨削工艺──→粗加工──→精加工──→测量工件。

6.2.4　任务实施

1. 四方体工艺步骤：
(1)分析零件图纸了解尺寸精度要求确定加工方法；
(2)了解 M7120E/HZ 卧轴矩台平面磨床的基本结构及液压传动原理；
(3)熟悉掌握 M7120E/HZ 卧轴矩台平面磨床、M618 手动数显平面磨床的操作方法。
(4)正确地平衡、安装、调试、修整砂轮；
(5)预热机床、用毛刷、刮板等擦净工作台面；
(6)用游标卡尺测量工件厚度尺寸,确定余量分配方案；
(7)以相对较好的平面为基准安装(但要注意工件是否有翘曲状态),磨削加工上表

面,光出即可;

(8)以光出的面为基准翻转安装,磨削加工未加工表面,去除余量总额的 2/3;

(9)取下工件,用千分尺测量确定最终余量,再一次翻转工件安装,去除剩余的所有余量;

(10)关机,取下工件,用千分尺测量,判断是否符合图纸要求。

2. 外圆柱面加工:

(1)熟悉经过热处理后 40Cr 材料的强度、硬度、韧性及切削参数;

(2)了解 M1420A 万能外圆磨床的基本结构及液压传动原理;

(3)熟练掌握 M1420A 万能外圆磨床的操作方法;

(4)能正确选择砂轮的磨料、粒度、硬度、结合剂;

(5)正确地安装、调试和修整砂轮;

(6)掌握芯轴类零件的加工工艺及加工技能;

(7)预热机床,擦净工件两头的中心孔、填入少量润滑脂;

(8)安装鸡心夹,调整尾架位置;

(9)调整左、右挡块位置,试运行(禁止开启砂轮);

(10)开机,用定位磨削方式,磨削芯轴两头使其两头直径尺寸一致,调整锥度;

(11)粗修砂轮,用纵向磨削法首先对芯轴进行粗磨(适当调快工作台纵向往复的速度,加大进给量),留 0.05mm;

(12)精细修整砂轮,用纵向磨削法首先对芯轴进行精磨(适当调慢工作台纵向往复的速度,减小进给量或者不进给),使芯轴直径尺寸达到图纸要求;

(13)取下工件,调头安装鸡心夹头,用定位磨削方式磨削原先鸡心夹装夹部位,进行接刀;

(14)关机,取下工件,测量检测。

任务三 刨床的基本操作

6.3.1 任务书

在刨床上安装如图 6-15 所示四方体,毛坯长、宽、高尺寸为 100mm × 40mm ×55mm。

图 6-15 四方体

6.3.2 知识点和技能点

基本知识要求：

(1)刨削加工的特点及加工范围；

(2)刨床种类、组成及其作用,牛头刨床的传动系统。熟悉摆杆机构和棘轮棘爪机构的作用；

(3)刨削的加工方法及刀具、工件安装方法；

(4)刨削安全操作。

技能点：

(1)能正确调整刨床的行程长度、起始位置、移动速度和进给量；

(2)正确装夹工件,完成平面的刨削操作。

6.3.3 任务说明

刨床的加工步骤:装夹工件及刀具——→调整切削用量——→调整机床行程和位置——→确定刨削工艺——→粗加工——→精加工。

6.3.4 任务实施

在刨床上用刨刀加工工件的工艺过程称为刨削加工。刨削的主运动为往复直线运动,进给运动是间歇的,因此切削过程不连续。

由于刨削加工具有生产率低、加工质量中等、通用性好、成本低等特点,因此,刨削加工主要用于单件小批生产及修配工作中。

刨削主要用来加工平面(包括水平面、垂直面和斜面),也广泛地用于加工直槽,如直角槽、燕尾槽和 T 型槽等。如果进行适当的调整和增加某些附件,还可用来加工齿条、齿轮、花键和母线为直线的成形面等,如图 6-16 所示。

刨平面　　刨垂直面　　刨台阶　　刨垂直沟槽　　刨斜面

刨燕尾槽　　刨T形槽　　刨V形槽　　刨曲面　　刨内孔键槽

图 6-16　刨削的主要应用

刨床有牛头刨床和龙门刨床两类。如图6-17所示为牛头刨床的外形。工件装夹在工作台上的平口钳中或直接用螺栓压板安装在工作台上。刀具装在滑枕前端的刀架上。滑枕带动刀具的直线往复运动为主运动。工作台带动工件沿横梁作间歇横向移动为进给运动。刀架沿刀架座的导轨上下运动为吃刀运动。刀架座可绕水平轴扳转角度，以便加工斜面或斜槽。横梁能沿床身前端的垂直导轨上下移动，以适应不同高度工件的加工需要。牛头刨床用于加工中、小零件。而龙门刨床(图6-18)主要用于加工大型零件，如机床的床身等，或同时加工几个中、小型工件上的平面。

图6-17　牛头刨床外形图

图6-18　龙门刨床外形图

1、8-左、右侧刀架；2-横梁；3、7-左、右立柱；4-顶梁；5、6-左、右垂直刀架；9-工作台；10-床身在刨床上安装工件的方法有平口钳安装、压板螺栓安装和专用夹具安装等。平口钳主要用来安装小型工件,压板螺栓用来安装较大或形状特殊的工件,而专用夹具主要用于成批生产。

1. 牛头刨床调整练习

(1)开车、停车练习

(2)调整工作台高度。停车时,松开刨床工作台支架上的锁紧螺栓,把工作台升高到接近刀具的位置后再锁紧螺栓(如图 6-19a 所示)

(3)调整滑枕行程长度。停车时,松开锁紧螺母,用摇把转动摇臂齿轮中心的方头,改变滑块销轴的偏心距,从而改变滑枕行程长度 L(如图 b 所示)。L=工件长度+(20~40mm);

(4)调整滑枕起始位置。停车时,松开滑枕上方锁紧手柄,用摇把摇动滑枕上的方头,来调整所需的起始位置。顺时针转动起始位置向前移动,反之向后移动(如图 6-19c 所示);

(5)调整滑枕往复次数。根据机床铭调整变速手柄至准确位置即可;

(6)调整进给量。调整棘爪罩的开口位置,可改变棘爪每次拨动棘轮的齿数,即可改变进给量。每次拨动棘爪的齿数愈少,进给量愈小,反之则进给量愈大(如图 6-19d 所示);

(7)调整切深(小刀架的吃刀、退刀移动)。轻微松动刀架上的锁紧螺杆,转动刀架进给手柄可带动刀架垂直上下移动,即可调整切削深度。顺时针转动手柄,小刀架向下吃刀,反之小刀架向上退回,小刀架刻度盘每转过一小格,刀架移动 0.01mm(如图 6-19e 所示)。调整时要注意消除丝杆丝母间隙;

2. 学生进行刨平面练习

(1)选择和安装刀具。刨平面一般选用弯杆平面刨刀。安装刨刀时,先松开转盘螺钉调整转盘对准零线,以准确地控制背吃刀量。然后转动刀架进给手柄,使刀架下端与转盘底侧基本平齐。再将刨刀插入刀夹内,刀杆伸出不要太长,拧紧刀夹螺钉将刨刀固定(如图 6-20 所示)。

(2)装夹工件。小件用平口钳装夹(如图 6-f 所示),较大工件,直接用压板螺栓装夹在工作台上(如图 6-g 所示)。

(3)调整机床。①调整工作台高度;②调整滑枕行程长度;③调整滑枕起始位置;④调整进给量;⑤调整切深;⑥调整滑枕往复次数。

3. 刨工实习安全技术要求

(1)操作者必须穿工作服、戴安全帽,长头发须压入帽内,不能戴手套操作,以防发生人身事故。

(2)多人共同使用一台刨床时,只能一人操作,并注意他人安全。

(3)开车前,检查各手柄的位置是否到位,确认正常后才准许开车。

(4)工件和刀具必须装夹牢固,以防发生事故。

(5)启动刨床后,不能开机测量工件,以防发生人身事故。工作台和滑枕的调整不能超过极限位置,以防发生设备事故。

(6)严禁开车变速,以防损坏机床。

(7)发生事故时,立即关闭电源。

(8)工作结束后,关闭电源,清除切屑,认真擦净机床,加油润滑,以保持良好的工作环境。

a）调整工作台高度

掉轮罩

b）调整工作台机动进给量

c）调整滑枕行程

d）调整切深

e）调整滑枕起始位置

f）

g）

图 6-19　牛壮举刨床调整练习

图 6-20　刨刀的安装

项目七　钳　工

实训目的与要求

(1)了解钳工在机械制造和设备维修中的地位与重要性。

(2)熟悉并能独立的选用画线、锯割、锉削、钻孔、攻螺纹、装配与拆卸等加工的工具、量具、夹具和其他附件。

(3)掌握钳工的各项基本操作,根据零件图能独立的加工简单的零件;在加工方法的选择、工艺过程的安排等方面具有一定的实践能力。

(4)了解拆装的基本知识,能对简单机器进行拆装。

安全操作规程

(1)工作前按规定穿戴好个人防护用品,女工发辫要放入工作帽内。錾、磨要戴护目镜。

(2)检查所有工具、设备如虎钳、钻床、砂轮机、手持电动、风动工具是否完好,防护装置是否齐全。

(3)使用锉刀、刮刀要有木柄、不可用力过猛。使用錾子、扁铲顶部有卷边要及时磨掉,有油污及时清除。工作台对面若有人工作,中间应设防护网。

(4)使用手锤、大锤,不准戴手套。锤头、锤柄上不得有油污,打大锤时甩转方向不得有人。

(5)使用手锯,工件要夹紧,用力要均匀。工件将锯断时,要用手或支架托住。

(6)使用虎钳、钳口不得超过最大行程的三分之二。不准在虎钳上打大锤。

(7)使用手持电动工具时,先检查有无漏电,外壳必须接零,在潮湿或金属容器内工作要带胶皮手套,垫好绝缘垫并使用漏电保护器。

(8)使用手砂轮时,先检查砂轮有无裂纹,砂轮必须有防护罩,旋转方向不得站人。

(9)使用各种钻床要遵守钻床安全操作规程,严禁戴手套。清除铁屑严禁用手或嘴吹。

(10)高处作业时工具必须放在工具袋内,如用活扳子要用绳子拴牢,人要系好安全带。交叉作业必须戴安全帽。

(11)工作后要清理现场,关闭电器、水、气等开关。零部件摆放整齐,不得超高。

(12)毛坯和加工零件应放置在规定位置,排列整齐平稳,要保证安全,便于取放、并避免碰伤已加工的表面。

(13)工量具的安放应按下列要求布置：

① 在钳台上工作时，为了取用方便，右手取用的工量具放在右边，左手取用的放在左边，各自要排列整齐，且不能伸出到钳台以外。

② 量具不能与工具或工件混放在一起，应放在量具盒内或专用格架上。

③ 常用的工量具要放在工作位置附近。

④ 工量具收藏时要整齐地放入工具箱内，不应任意堆放，以防损坏和取用不便。

任务一　钳工基础知识及设备

7.1.1　任务要求

(1)了解钳工加工的概念及工作范围。
(2)掌握钳工加工的常用设备及基本操作要求。
(3)熟悉钳工的专业分工。
(4)牢记钳工加工的实训纪律与安全。

7.1.2　任务知识点

钳工是利用手工工具和钻床对工件进行切削加工或对机器零件进行拆卸、装配和维修等操作的工种。钳工的基本操作有画线、錾削、锯削、孔加工、攻螺纹和套螺纹、拆卸和装配等。

钳工的应用范围很广，主要体现在以下几方面：

◆机械加工前准备工作，如清理毛坯、在工件上画线等。
◆在单件小批生产中制造一般零件。
◆加工精密零件，如样板、模具的精加工，刮削或研磨机器和量具的配合表面等。
◆装配、调整和修理机器等。

钳工与机械加工相比，具有工具简单，操作灵活，可以完成用机械加工不方便或难以完成的工作，有些工作也是其他工种无法取代的。虽然钳工工人劳动强度大，生产效率低，对工人技术水平要求高，但在机械制造和修配工作中，钳工仍是必不可少的工种。

7.1.3　任务说明

通过对钳工加工操作基本知识的学习，熟悉钳工加工基本要求，遵守钳工操作基本要领，了解钳工加工的基本任务和常用设备、工具、量具。

7.1.4　任务实施

1. 钳工的发展

钳工是机械制造中最古老的金属加工技术。19世纪以后,各种机床的发展和普及,虽然逐步使大部分钳工作业实现了机械化和自动化,但在机械制造过程中钳工仍是广泛应用的基本技术,其原因是:①画线、刮削、研磨和机械装配等钳工作业,至今尚无适当的机械化设备可以全部代替;②某些最精密的样板、模具、量具和配合表面(如导轨面和轴瓦等),仍需要依靠工人的手艺做精密加工;③在单件小批生产、修配工作或缺乏设备条件的情况下,采用钳工制造某些零件仍是一种经济实用的方法。

2. 钳工加工的特点

钳工有三大优点(加工灵活、可加工形状复杂和高精度的零件、投资小),两大缺点(生产效率低和劳动强度大、加工质量不稳定)。

(1)加工灵活:在不适于机械加工的场合,尤其是在机械设备的维修工作中,钳工加工可获得满意的效果。

(2)可加工形状复杂和高精度的零件:技术熟练的钳工可加工出比现代化机床加工的零件还要精密和光洁的零件,可以加工出连现代化机床也无法加工的形状非常复杂的零件,如高精度量具、样板、开头复杂的模具等。

(3)投资小:钳工加工所用工具和设备价格低廉,携带方便。

(4)生产效率低劳动强度大:钳工加工主要靠人工作业,效率较低且对人工劳动强度大。

(5)加工质量不稳定:加工质量的高低受工人技术熟练程度的影响。

3. 钳工常用设备

钳工常用的设备有台虎钳、钳台(钳桌)、砂轮机、钻床等。

(1)台虎钳

台虎钳是夹持工件的主要设备,其结构如图7-1所示。其规格大小是以钳口的宽度来表示的,常用有100mm、125mm和150mm等几种。

图7-1　台虎钳

使用台虎钳应注意下列事项：

◆ 工件应夹在虎钳钳口中部，使钳口受力均匀。

◆ 当转动手柄夹紧工件时，手柄上不准套上增力套管或用锤敲击，以免损坏虎钳丝杠或螺母上的螺纹。

◆ 夹持工件的光洁表面时，应垫铜皮或铝皮加以保护。

（2）钳台

钳台是用来安装台虎钳、放置工量具和工件等，如图7-2所示。钳台一般用硬质木材制成，台面常用低碳钢板包封，安放要平稳，工作台台面高度为800～900mm。为了安全，台面前方装有防护网。

图7-2. 钳台

（3）钻床

常用的钻床有台式钻床、立式钻床和摇臂钻床三种。它们共同的特点是：工件固定在工作台上不动，刀具安装在其床主轴上，主轴一方面旋转作主运动，一方面沿着轴线方向移动作进给运动。

① 台式钻床

台式钻床（图7-3）是一种放在钳工桌上使用的小型钻床，适合于在小型工件上加工孔径在12mm以下的小孔。主轴靠塔形带轮变速。主轴的进给为手动。为了适应不同高度工件的加工需要，主轴架可沿立柱上下调整其位置。调整前先移动定位环并锁紧，以防调节主轴架时主轴架坠落。小工件放在工作台上加工。工作台也可在立柱上上下移动，并绕立柱旋转到任意位置。工件较大时，可把工作台转开，直接放在机座上加工。

② 立式钻床

立式钻床（图7-4）的主轴在水平面上的位置是固定的，这一点与台式钻床相同。在加工时，必须移动工件，使要加工的孔的中心对准主轴轴线。因此，立式钻床适合于中小

图 7-3 台式钻床

型工件上孔的加工(孔径小于 50mm)。立式钻床主轴箱中装有主轴、主运动变速机构、进给运动变速机构和操纵机构。加工时主轴箱固定不动,主轴能够正、反旋转。利用操纵机构上的进给手柄使主轴沿着主轴套筒一起作手动进给,以及接通或者断开机动进给。工件直接或通过夹具安装在工作台上。工作台和主轴箱都装在方形截面的立柱垂直导轨上,可以上下调节位置,以适应不同高度的工件。

③ 摇臂钻床

摇臂钻床(图 7-5)有一个能绕立柱旋转的摇臂,摇臂带着主轴箱可沿立柱垂直移动,同时主轴箱还能在摇臂上作横向移动,主轴可沿自身轴线垂向移动或进给。由于摇臂钻床的这些特点,操作时能很方便地调整刀具的位置,以对准被加工孔的中心,而不需移动工件来进行加工,比起在立钻上加工要方便得多。因此,它适宜加工一些笨重的大型工件及多孔工件上的大、中、小孔,广泛应用于单件和成批生产中。

图 7-4 立式钻床

图 7-5 摇臂钻床

4. 钳工基本工具、量具

钳工常用的工具有划针、划规、画线盘、样冲、平板、手锤、手锯、滑石笔、砂纸、各种锉刀、扁铲(尖、油槽、异性)刮刀、虎钳、铁剪子、撬杠、管子钳、攻螺纹和套螺纹的丝锥、板牙、各种扳手及螺丝刀等旋具,还有许多根据现场需要自制专用工具。

常用量具有钢板尺、卷尺、角尺、高度尺螺纹规及各种通用量具。

任务二　划　线

7.2.1　任务书

如图 7-6 所示,在给定的 8mm 厚度的钢板上进行画线操作练习,材料为 Q235A。

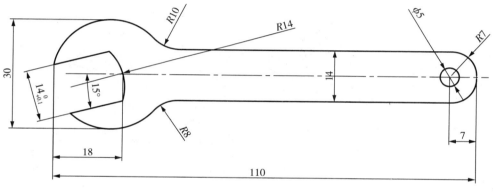

图 7-6　扳手

7.2.2　任务知识点

(1)画线的基本方法。

(2)画线使用工具、量具的使用方法。

(3)操作要求:常用画线工具、基准工具、测量工具的正确使用。

7.2.3　任务说明

1. 读懂零件图

(1)熟悉图样及加工要求,详细了解工件上需要画线的部位,明确工件及其画线部分的作用和要求。

(2)正确选择画线基准。

(3)合理安排画线的顺序。

(4)认真检查毛坯件并给毛坯需要画线的加工面涂色。

(5)正确放置工件和选择画线工具、量具。

2．画线

画线是在某些工件的毛坯或半成品上按零件图样要求的尺寸划出加工界线或找正线的一种操作。画线的作用是：

◆ 借画线来检查毛坯的形状和尺寸,避免把不合格的毛坯投入机械加工而造成浪费;

◆ 表示出加工余量、加工位置或工件安装时的找正线,作为工件加工或安装的依据;

◆ 合理分配各加工表面的余量;

◆ 在板料上按画线下料,可做到正确排列,合理使用材料。

画线可分为平面画线和立体画线两种。平面画线是在工件的一个表面上画线,如图7－7a)所示。立体画线是在工件的几个表面上画线,即在长、宽、高三个方向上画线,如图7－7b)所示。

a）平面划线　　　　　　　　　　　　b）立体划线

图7－7　画线种类

3．画线工具(表7－1)

表7－1　画线工具的种类及作用

画线工具	图例	作用
画线平板		画线的基准工具,由铸铁制成。长期不用时,应涂防锈油并用木板护盖;
千斤顶	千斤顶	用于平板上支承较大及不规则的工件;

（续表）

画线工具	图例	作用
钢直尺		主要用来量取尺寸和测量工件,也可作划直线时的导向工具;
方箱		用于夹持尺寸较小而加工面较多的工件。通过翻转方箱,便可在工件表面上划出互相垂直的线来;
划针		用于在工件表面上画线;
划规		平面画线作图的主要工具,主要用来划圆和圆弧、等分线段、等分角度及量取尺寸等。其用法与制图中圆规的用法相同;
画线盘		用于在工件上划出与平板平行的线,也可用画线盘对工件进行找平;
高度尺		由钢直尺和底座组成,用以给画线盘量取高度尺寸。它是精密工具,用于半成品的画线,不允许用它在毛坯上画线;

（续表）

画线工具	图例	作用
样冲		用于画线时在线上或线的交点上冲眼的工具。冲眼的目的是使划出的线具有永久性的位置标记,也可为划圆、划圆弧时打定心脚点

4. 画线基准选择

在工件上画线时,必须选择工件上某个点、线、面作为依据,并以此来调节每次画线的高度,划出其他点、线、面的位置。这些作为依据的点、线、面称为画线基准。在零件图上用来确定零件各部分尺寸、几何形状和相互位置的点、线或面称为设计基准。

画线前应首先选择和确定画线基准,然后根据它来划出其余的尺寸线。画线基准的选择原则是:

◆ 原则上应尽量与图样上的设计基准一致,以便能直接量取画线尺寸,避免因尺寸间的换算而增加画线误差。

◆ 若工件上有重要孔需加工,一般选择该孔中心线为画线基准。

◆ 若工件上个别平面已加工,则应选该平面为画线基准。

◆ 若工件上所有平面都需加工,则应以精度高的和加工余量少的表面作为画线基准,以保证主要表面的精度要求。

5. 画线操作注意事项

(1)工件支撑要稳,防止滑到或移动。

(2)在一次支撑中,应把需要画出的平行线全部画完,以免再次支撑补画,造成误差。

(3)应准确使用划针、画线盘、高度游标卡尺以及直角尺等画线工具,以免产生误差。

6. 画线安全操作规程

(1)工作前穿戴好劳动保护用品。

(2)工作台要牢固平稳,平台周围要保持整洁,通行要方便,1米内禁止堆放物件。

(3)所有手锤、洋冲等工具要经常检查,不得有裂纹、飞边、毛刺,顶部不得淬火,手锤柄要安装牢固。

(4)使用的大工具如弯尺、画线盘、角铁应有指定的地点妥善存放,以免砸伤人。

(5)画线盘用后针尖向下,所用的千斤顶必须底平,顶尖、丝口松紧合适,严禁使用滑扣千斤顶。

(6)使用行灯照明,灯具用低压灯,并要检查有无破裂,灯头灯罩是否完好以免移动时触电。

(7)工作一定要支牢垫好,在支撑大型工件时必须用方木垫在工件下面,必要时要吊车帮助支撑垫块,不要用手直接拿着千斤顶,严禁将手臂伸入工件下面。用人工搬用工件时底下要有垫块,在放物件时要先放下一头再放另一头。

(8)地面上的物体放置要整齐平稳,防止倾倒伤人。

7.2.4　任务实施

(1)选择已经进行粗加工过的 80mm×130mm 的钢板做为画线毛坯。

(2)选择 14mm 毫米固定板手做为画线样板。

(3)在毛坯钢板上规划好画线位置,要求在一块钢板上划出两个扳手零件图。

(4)在毛坯钢板上固定好 14mm 板手,用划针进行画线操作。

(5)同上述步骤划出第二个扳手零件图。

任务三　锯　削

7.3.1　任务书

如图 7-8 所示,在给定的 8mm 厚度的钢板上进行锯削操作练习,材料为 Q235A。

图 7-8　8mm 钢板

7.3.2　任务知识点

(1)锯削加工的基本方法。

(2)手锯的结构、组成,锯条的选择方法。

(3)操作要求:手锯的正确使用。

7.3.3　任务说明

1. 锯削

锯削是指用锯将工件或材料进行切断或切槽的一种加工方法。它可分为手工锯削和机械锯削两种。手工锯削是钳工的一项重要操作技能。

(1)锯削工具

手工锯削的主要工具是手锯,它由锯弓和锯条组成。

① 锯弓

锯弓是用来安装锯条的,它有可调式和固定式两种。固定式锯弓是整体的,只能安装固定长度的锯条,如图 7－9 所示。可调式锯弓由锯柄、锯弓、方形导管、夹头和翼形螺母等部分组成,夹头上安有装锯条的销钉。夹头的另一端带有螺栓,并配有翼型螺母,以便拉紧锯条,安装不同长度规格的锯条,如图 7－10 所示。

图 7－9　固定式锯弓

图 7－10　可调式锯弓

② 锯条

锯条一般用碳素工具钢或高速钢制造,经淬火和低温回火处理,具有一定的硬度。其规格以锯条两端小孔中心距的大小来表示。常用的手工锯条约长 300mm,宽 12mm,厚 0.8mm。锯齿按齿距 t 的大小可分为粗齿($t＝1.6$mm)、中齿($t＝1.2$mm)、细齿($t＝0.8$mm)三种。

(2)锯削步骤

① 选择锯条

通常根据工件材料的硬度及其厚度来选定。锯软钢、铝、紫铜、成层材、人造胶质材料时,因锯屑较多,要求有较大的容屑空间,应选择粗齿锯条。锯板材、薄壁管子等时,锯齿不易切入,锯削量小,不需要大的容屑空间,另外对于薄壁工件,在锯削时锯齿易被工件勾住而崩刃,需同时工作的齿数多,应选择细齿锯条。中等硬性钢、硬性轻合金、黄铜、厚壁管子锯削时,应选择中齿锯条。

② 安装锯条

手锯在往前推时才起切削作用,因此锯条安装应使齿尖的方向朝前(如图 7－11(a)所示),如果装反了(如图 7－11(b)所示),则锯齿前角为负值,就不能正常锯削了。在调节锯条松紧时,翼形螺母不宜旋得太紧或太松,太紧时锯条受力太大,在锯削中用力稍有不当,就会折断。太松则锯削时锯条容易扭曲,也易折断,而且锯出的锯缝容易歪斜。其松紧程度以用手扳动锯条,感觉硬实即可。锯条安装后,要保证锯条平面与锯弓中心平面平行,不得倾斜和扭曲,否则锯削时锯缝极易歪斜,锯条易折断。

③ 安装工件

工件一般应夹在台虎钳的左面,以便操作;工件伸出钳口不应过长(应使锯缝离开钳

a）正确　　　　　　　　　　　b）不正确

图 7 - 11　锯条的安装

口侧面约 20mm 左右），防止工件在锯削时产生振动；锯缝线要与钳口侧面保持平行（使锯缝与铅垂线方向一致），便于控制锯缝不偏离画线线条；工件夹持要稳当、牢固，不可有抖动，同时要避免将工件夹变形和夹坏已加工面。

④ 起锯

a. 手锯的握法及锯削姿势　用右手握住锯柄，左手握住锯弓前端，如图 7 - 12 所示。推锯时，身体稍向前倾，利用身体的前后摆动，带动手锯前后运动。

b. 锯削的站立姿势　锯割时左手上翘，右手下压，向回拉时不切削，应将锯弓稍微提起，右手上抬，左手自然跟回，以减少对锯齿的磨损。锯削频率一般每分钟 40 次/左右。锯切硬质材料时速度稍慢一些，返回行程相对要快一些。

图 7 - 12　手锯的握法

c. 起锯方法

起锯是锯削工作的开始，起锯质量的好坏，直接影响锯削质量。如果起锯不当，一是常出现锯条跳出锯缝将工件拉毛或者引起锯齿崩裂；二是起锯后的锯缝与画线位置不一致，将使锯削尺寸出现较大的偏差。起锯方法有远起锯（如图 7 - 13（a）所示）和近起锯（如图 7 - 13（b）所示）两种。

a）远起锯　　　　　　　　　　b）近起锯

图 7 - 13　起锯方法

2. 锯削加工注意事项

◆ 锯削练习时，必须注意工件的安装及锯条的安装是否正确，锯条张紧程度要适当，工件夹持要牢固，并安注意起锯方法和起锯角度的正确，以免一开始锯削就造成废品和损坏锯条。

◆ 初学锯削,对锯削速度不易掌握．往往推出速度过快,这样容易便锯条很快磨钝;同时,也常会出现摆动姿势不自然、摆动幅度过大等错误姿势,应注意及时纠正。

◆ 要适时注意锯缝的平直情况,及时纠正,保证质量。

◆ 在锯削钢件时,可加些机油,以减少锯条与锯削断面的摩擦,并能冷却锯条,可以提高锯条的使用寿命。

◆ 锯削完毕,应将锯条上的张紧螺母适当放松,但不要拆下锯条,防止锯弓上的零件失散,并将其妥善放好。

◆ 工件将锯断时,压力要小,避免压力过大使工件突然断开,手向前冲造成事故。一般工件将锯断时,要用左手扶住工件断开部分,避免掉下砸伤脚。

7.3.4 任务实施

(1)选择表面平整,长度合适的 8mm 毛坯钢板。

(2)正确使用台虎钳装夹固定毛坯钢板。

(3)使用划针和直角尺在距离毛坯钢板一端为 130mm 位置画线。

(4)正确使用钢锯进行锯削加工,锯下 80mm×130mm 的一块毛坯钢板备用。

任务四　锉　削

7.4.1 任务书

如图 7-14 所示,将锯削加工完成的 80mm×130mm 钢板的锯削加工断面锉削加工平整,并锉削加工出一个直角备用,材料为 Q235A。

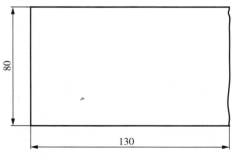

图 7-14　80mm×130mm 钢板

7.4.2 任务知识点

(1)锉削加工的三种基本方法。

(2)锉刀的结构、组成,握持方法。

(3)操作要求:正确使用锉刀进行加工。

7.4.3 任务说明

1. 锉削

用锉刀从零件表面锉掉多余的金属,使零件达到图样要求的尺寸、形状和表面粗糙度的操作叫锉削。锉削加工范围包括平面、台阶面、角度面、曲面、沟槽和各种形状的孔等。

(1)锉刀

锉刀是锉削的主要工具,锉刀用高碳钢(T12、T13)制成,并经淬火+低温回火热处理淬硬至62HRC～67HRC。锉刀的组成如图7-15所示。

锉边 锉面　　　　　　　　　锉柄

图7-15 锉刀的组成及种类

锉刀的种类及应用见表7-2。

表7-2 锉刀的种类及应用

锉刀种类	图 例	应 用
平锉		主要用于锉削平面、外圆弧面等;
半圆锉		主要用于锉削小平面、方孔等;
方锉		主要用于锉削平面、外圆弧面、内角(大于60°)等;
三角锉		主要用于锉削平面、外圆弧面、内凹圆弧面、圆孔等;
圆锉		主要用于锉削圆孔及凹下去的弧面

另外,由多把各种形状的特种锉刀所组成的"什锦"锉刀,用于修锉小型零件及模具上难以机械加工的部位。

(2)锉削操作要领

① 握锉

锉刀的种类较多,规格、大小不一,使用场合也不同,故锉刀握法也应随之改变。如图7-16(a)所示为大锉刀的握法。如图7-16(b)所示为中、小锉刀的握法。

② 锉削姿势

锉削时人的站立位置与锯削相似,锉削操作姿势如图7-17所示,身体重量放在左

161

a）大锉刀的握法　　　　　　　　b）中、小锉刀的握法

图 7-16　握锉

脚,右膝要伸直,双脚始终站稳不移动,靠左膝的屈伸而作往复运动。开始时,身体向前倾斜 10°左右,右肘尽可能向后收缩如图 7-17(a)所示。在最初三分之一行程时,身体逐渐前倾至 15°左右,左膝稍弯曲如图 7-17(b)所示。其次三分之一行程,右肘向前推进,同时身体也逐渐前倾到 18°左右,如图 7-17(c)所示。最后三分之一行程,用右手腕将锉刀推进,身体随锉刀向前推的同时自然后退到 15°左右的位置上,如图 7-17(d)所示,锉削行程结束后,把锉刀略提起一些,身体姿势恢复到起始位置。

锉削过程中,两手用力也时刻在变化。开始时,左手压力大推力小,右手压力小推力大。随着推锉过程,左手压力逐渐减小,右手压力逐渐增大。锉刀回程时不加压力,以减少锉齿的磨损。锉刀往复运动速度一般为 30 次/min～40 次/min,推出时慢,回程时可快些。

a）　　　　　　b）　　　　　　c）　　　　　　d）

图 7-17　锉削姿势

（3）锉削方法

① 平面锉削

锉削方法有交叉锉法、顺向锉法和推锉法等。粗锉时一般用交叉锉法、如图 7-18(b)所示。这样不仅锉得快,而且由于锉刀与工件的接触面大,锉刀容易掌握平稳,同时,从锉痕上可以判断出锉削面的高低情况,便于不断地修正锉削部位。平面基本锉平后,可用顺向锉法(见图 7-18a)进行锉削,以降低工件表面粗糙度,并获得整齐一致的锉纹。最后可用细锉刀或油光锉刀以推锉法(见图 7-18c)修光。

a）顺锉法　　　　　　　　b）交叉锉法　　　　　　　c）推锉法

图 7-18　锉削方法

② 弧面锉削

外圆弧面一般可采用平锉进行锉削,常用的锉削方法有两种。顺锉法如图 7-19(a)所示,是横着圆弧方向锉,可锉成接近圆弧的多棱形(适用于曲面的粗加工)。滚锉法如图 7-19(b)所示,锉刀向前锉削时右手下压,左手随着上提,使锉刀在零件圆弧上作转动。

a）顺锉法　　　　　　　　　　　　b）滚锉法

图 7-19　弧面锉削方法

2. 锉削加工注意事项

◆ 锉刀必须装柄使用,以免锉刀舌刺伤手心。

◆ 不要用新锉刀锉硬金属、白口铸铁和淬火钢。

◆ 铸铁上的硬皮和粘砂应先用砂轮磨去或錾去,然后再锉削。

◆ 锉削时不要用手抚摸工件表面,以免再锉时打滑。

◆ 锉面堵塞后,不可用手去清除切屑,以免刺伤手,应用钢丝刷顺着锉纹方向刷去切屑。

◆ 锉刀放置时,不应伸出钳工桌台面以外,以免碰落摔断或砸伤人脚。

7.4.4　任务实施

(1)锉削加工锯切断面,直至断面平整。

(2)选择两条合适的相邻边,修锉两条边至直角。

(3)修锉直角边过程中要正确使用直角尺、方箱、照明灯等辅助工刀量具。

任务五　孔加工

7.5.1　任务书

如图 7 - 20 所示,在已经完成画线加工的扳手零件图中进行钻排孔加工,材料为 Q235A。

图 7 - 20　钻排孔加工图

7.5.2　任务知识点

(1)孔加工的操作要点。
(2)台式钻床是使用方法。
(3)麻花钻的选择与使用注意事项
(4)操作要求:正确使用台式钻床及麻花钻进行钻孔加工。

7.5.3　任务说明

1. 孔加工

钳工中常用的孔加工方法有钻孔、扩孔、铰孔等。钻孔、扩孔和铰孔分别属于孔的粗加工、半精加工和精加工。

(1)钻孔

用钻头在实体材料上加工孔称为钻孔。在钻床上钻孔时,工件固定不动,钻头旋转作主运动,又同时向下作轴向移动完成进给运动。

① 麻花钻构造

钻头是最常用的孔加工刀具,由高速钢制成,其结构如图 7-21 所示。它是由柄部、颈部和工作部分三部分组成。柄部是钻头的夹持部分,用来传递钻削运动和钻孔时所需的扭矩。直径小于 12mm 的做成直柄,大于 12mm 的为锥柄。颈部位于工作部分和柄部之间,它是为磨削钻柄而设的越程槽,也是打标记的地方。工作部分由导向部分和切削部分组成,导向部分包括两条对称的螺旋槽和较窄的刃带,螺旋槽的作用是形成切削刃和排屑;刃带与工件孔壁接触,起导向和减少钻头与孔壁摩擦的作用。切削部分有两个对称的切削刃和一个横刃,切削刃承担切削工作,其夹角为 118°;横刃起辅助切削和定心作用,但会大大增加钻削时的轴向力。

图 7-21　麻花钻

② 钻头的装夹

钻头的装夹方法,按其柄部的形状不同而异。锥柄钻头可以直接装入钻床主轴孔内,较小的钻头可用过渡套筒安装,如图 7-22 所示;直柄钻头一般用钻夹头安装,如图 7-23所示。

图 7-22　安装锥柄钻头

图 7-23　钻夹头

钻夹头(或过渡套筒)的拆卸方法是将楔铁带圆弧的边向上插入钻床主轴侧边的锥形孔内,左手握住钻夹头,右手用锤子敲击楔铁卸下钻夹头,如图7-24所示。

③ 工件的夹持

钻孔中的安全事故,大都是由于工件的夹持方法不对造成的。因此,应注意工件的夹持。小件和薄壁零件钻孔,要用手虎钳夹持工件(图7-25)。中等零件,可用平口钳夹紧(图7-26)。大型和其他不适合用虎钳夹紧的工件,可直接用压板螺钉固定在钻床工作台上(图7-27)。在圆轴或套筒上钻孔,须把工件压在V形铁上钻孔(图7-28)。在成批和大量生产中,钻孔时广泛应用钻模夹具。

图7-24 拆卸钻夹头

图7-25 用手虎钳夹持工件

图7-26 用平口钳夹持工件

图7-27 用压板螺钉夹持工件

1—垫铁;2—压板;3—工件

图7-28 圆形工件的夹持方法

(2)扩孔

扩孔是用扩孔钻(图7-29)对工件上已有孔进行扩大加工的方法。扩孔时的背吃刀量比钻孔时小得多,因而刀具的结构和切削条件比钻孔好得多。主要特点有:

① 切削刃不必自外圆延续到中心,避免了横刃和由横刃所引起的一些不良影响。

② 切屑窄,易排出,不易擦伤已加工表面。同时容屑槽也可做得较小较浅,从而可以

图 7-29　扩孔钻

加粗钻心,大大提高扩孔钻的刚度,有利于加大切削用量和改善加工质量。

③ 刀齿多(3~4 个),导向作用好,切削平稳,生产率高。

由于上述原因,扩孔加工质量比钻孔高,一般精度可达 IT10~IT9,表面粗糙度 Ra 值为 3.2~6.3 μm。

(3)铰孔

铰孔是应用较为普遍的孔的精加工方法之一,一般加工精度可达 IT9~IT7,表面粗糙度 Ra 值为 0.4~1.6 μm。

① 铰刀　铰刀是孔的精加工刀具。铰刀分为机铰刀和手铰刀两种,机铰刀为锥柄,手铰刀为直柄。如图 7-30 所示为手铰刀。铰刀一般是制成两支一套的,其中一支为粗铰刀(它的刃上开有螺旋形分布的分屑槽),一支为精铰刀。

a)圆柱铰刀

b)可调节圆柱铰刀

c)圆锥铰刀

图 7-30　手铰刀

② 手铰孔方法　将铰刀插入孔内,两手握铰杠手柄,顺时针转动并稍加压力,使铰刀慢慢向孔内进给,注意两手用力要平衡,使铰刀铰削时始终保持与零件垂直。铰刀退出时,也应边顺时针转动边向外拔出。

2. 攻螺纹和套螺纹

攻螺纹是指用丝锥加工工件内螺纹的操作,套螺纹是指用板牙加工工件外螺纹的操作。

图 7 - 31　攻螺纹　　　　　　　　图 7 - 32　套螺纹

攻螺纹和套螺纹一般用于加工普通螺纹。攻螺纹和套螺纹所用工具简单,操作方便,但生产率低,精度不高,主要用于单件或小批量的小直径螺纹加工。

(1)攻螺纹

① 丝锥

丝锥是专门用于攻螺纹的刀具,其结构如图 7 - 33 所示。M3～M20 手用丝锥多为二支一组,称头锥、二锥。每个丝锥的工作部分由切削部分和校准部分组成。切削部分(即不完整的牙齿部分)是切削螺纹的主要部分,其作用是切去孔内螺纹牙间的金属。头锥有 5～7 个不完整的牙齿。二锥有 1～2 个不完整的牙齿,校准部分的作用是修光螺纹和引导丝锥。

② 铰杠

铰杠(又称扳手)是用来夹持丝锥和铰刀的工具,其结构如图 7 - 34 所示。其中固定式铰杠常用于 M5 以下的丝锥;可调式铰杠因其方孔尺寸可以调节,能与多种丝锥配用,故应用广泛。

③ 攻螺纹方法

◆ 钻螺纹底孔　底孔的直径可查手册或按如下经验公式计算:

脆性材料(铸铁、青铜等):钻孔直径 $D_0 = D$(螺纹大径)$-1.1P$(螺距)

韧性材料(钢、紫铜等):钻孔直径 $D_0 = D$(螺纹大径)$-P$(螺距)

钻孔深度 = 要求的螺纹长度 $+0.7D$(螺纹大径)

◆ 用头锥攻螺纹　开始时,将丝锥垂直放入工件螺纹底孔内,然后用铰杠轻压旋入 1～2 周,用目测或直角尺在两个互相垂直的方向上检查,并及时纠正丝锥,使其与端面保持垂直。当丝锥切入 3～4 周,可以只转动,不加压,每转 1～2 周应反转 1/4 周,以使切屑断落。攻钢件螺纹时应加机油润滑,攻铸铁件可加煤油。攻通孔螺纹,只用头锥攻穿即可。

　　◆ 用二锥攻螺纹　先将丝锥放入孔内,用手旋入几周后,再用铰杠转动。旋转铰杠时不需加压。攻盲孔螺纹时,需依次使用头锥、二锥才能攻到所需要的深度。

图 7 - 33　丝锥的结构

图 7 - 34　手用丝锥铰杠

　　(2)套螺纹

　　① 板牙

　　套螺纹用的主要工具是板牙和板牙架。板牙是加工小直径外螺纹的成形刀具,其结构如图 7 - 35 所示。板牙的形状和圆螺母相似,只是在靠近螺纹处钻了几个排屑孔,以形成切削刃。板牙两端是切削部分,当一端磨损后,可换另一端使用;中间部分是校准部分,主要起修光螺纹和导向作用。

图 7 - 35　板牙

　　板牙的外圆柱面上有四个锥坑和一个 V 形槽。其中两个锥坑,其轴线与板牙直径方向一致,它的作用是通过板牙架上两个紧固螺钉将板牙紧固在板牙架内,以便传递扭矩。另外两个偏心锥坑是当板牙磨损后,将板牙沿 V 形槽锯开,拧紧板牙架上的调整螺钉,螺钉顶在这两个锥坑上,使板牙孔做微量缩小以补偿板牙的磨损。

　　② 板牙架

　　板牙架是用来夹持板牙传递扭矩的专用工具,其结构如图 7 - 36 所示。板牙架与板牙配套使用。为了减少板牙架的规格,一定直径范围内的板牙的外径是相等的,当板牙外径与板牙架不配套时,可以加过渡套或使用大一号的板牙架。

图 7-36　板牙架

③ 套螺纹方法

◆套螺纹前必须对工件倒角,以利于板牙顺利套入。

◆装夹工件时,工件伸出钳口的长度应稍大于螺纹长度。

◆套螺纹的过程与攻螺纹相似。操作时用力要均匀,开始转动板牙时,要稍加压力,套入 3～4 圈后,可只转动不加压,并经常反转以便断屑。

3. 台式钻床安全操作规程

(1)工作前必须穿好工作服,扎好袖口,不准围围巾,严禁戴手套,女生发辫应挽在帽子内。

(2)要检查设备上的防护、保险、信号装置。机械传动部分、电气部分要有可靠的防护装置。工、卡具是否完好,否则不准开动。

(3)钻床的平台要紧住,工件要夹紧。钻小件时,应用专用工具夹持,防止被加工件带起旋转,不准用手拿着或按着钻孔。

(4)手动进刀一般按逐渐增压和减压的原则进行,以免用力过猛造成事故。

(5)调整钻床速度、行程、装夹工具和工件时,以及擦拭钻床时要停车进行。

(6)钻床开动后,不准触运动着的工件、刀具和传动部分。禁止隔着机床转动部分传递或拿取工具等物品。

(7)钻头上绕长屑时,要停车清除,禁止用口吹、手拉,应使用刷子或铁钩清除。

(8)凡两人或两人以上在同一台机床工作时,必须有一人负责安全,统一指挥,防止发生事故。

(9)发现异常情况应立即停车,请有关人员进行检查。

(10)钻床运转时,不准离开工作岗位,因故要离开时必须停车并切断电源。

(11)工作完后,关闭机床总闸,擦净机床,清扫工作地点。

7.5.4　任务实施

(1)钻孔加工过程中必须严格遵守台式钻床安全操作规程相关要求。

(2)钻孔加工时麻花钻边缘距离扳手上画线位置至少要大于 1mm,以保证后期锉削加工扳手时还有足够的锉削余量。

(3)钻孔加工时两孔间距不宜过小,孔距一般 1～3mm 左右,孔距过大会增加后期加工难度;孔距过小甚至两孔相切时会导致麻花钻断裂。

(4)扳手口径内部不钻孔。

任务六　錾　削

7.6.1　任务书

如图 7-37 所示,在已经完成钻孔加工的零件图中,通过錾削加工完成扳手零件的下料工作,材料为 Q235A。

图 7-37　錾削加工图

7.6.2　任务知识点

(1)錾子的握持方式和加工特点。
(2)錾削加工的操作要点。
(3)操作要求:正确使用錾削加工技术完成实训任务。

7.6.3　任务说明

1. 錾削

錾削是用锤子锤击錾子对金属进行切削加工的一种方法。主要用于不便于机械加工的零件和部件的粗加工,如錾切平面、开沟槽、板料切割及清理铸、锻件上的毛刺、飞边等。

(1)錾削工具

錾削的主要工具是錾子和锤子。

① 錾子

錾子是錾削工件的刀具,錾子的结构如图 7-38 所示。它由切削部分、錾身及錾头三部分组成。錾头有一定的锥度,顶端略带球形,以便锤击时作用力容易通过錾子的中心线,使錾子保持平稳。錾身多数呈八棱形,以防止錾削时錾子转动。

钳工常用的錾子主要有平錾、尖錾和油槽錾三种,如图 7-39 所示。平錾适用于錾切平面、分割薄金属板或切断小直径棒料及去毛刺等;尖錾适用于錾槽或沿曲线分割板料;油槽錾适用于錾切润滑油槽。

图 7-38　錾子结构

a) 平錾　　　　b) 尖錾　　　　c) 油槽錾

图 7-39　常用錾子

② 锤子

锤子是钳工常用的敲击工具,由锤头、木柄和斜楔铁组成。木柄装入锤孔后应用楔铁楔紧,以防止工作时锤头脱落伤人。

(2)錾削过程

錾削操作过程一般分为起錾、錾削和錾出三个步骤,如图 7-40 所示。

a) 起錾　　　　　　　　　　b) 錾削

c) 錾出

图 7-40　錾削步骤

◆ 起錾 起錾时,錾子要握平或使錾头略向下倾斜,以便錾刃切入工件。

◆ 錾削 錾削可分为粗錾和细錾两种。錾削时,要保持錾子的正确位置和錾削方向。粗錾时,后角应取小些,用力应重;细錾时,后角应取大些,用力应较轻。錾削厚度要合适,厚度太厚,不仅消耗体力,錾不动,而且易使工件报废。錾削厚度一般取 1~2mm 左右,细錾时取 0.5mm 左右。

◆ 錾出 当錾削至平面尽头约 10mm 左右时,必须调头錾去余下的部分,以免损坏工件棱角或边缘。

2. 錾削加工注意事项

(1)及时修复打毛的錾子头部和松动的锤头,以免头部毛刺碎裂弹出伤人,锤头飞脱伤人。

(2)錾削大型工件和去毛刺时,操作者需要戴防护眼镜,以防铁屑崩入眼中。

(3)錾子头部、手锤头部长锤柄握持部分不能沾油,以免滑脱打手和伤人。

(4)錾削工作区前应有铁丝网,錾削者前方不许站人。

(5)提锤时应注意背后是否有人。

(6)操作者不准戴手套。

8.6.4 任务实施

根据图 7-37 錾削加工零件外形图示,规范操作,完成对扳手零件的錾削加工操作任务。

任务七 装 配

7.7.1 任务要求

(1)了解装配加工的概念及工作范围。

(2)掌握装配加工的常用设备及基本操作要求。

(3)牢记装配加工安全操作规程。

7.7.2 任务知识点

(1)装配加工工艺流程。

(2)常用装配加工方法。

(3)常见装配连接方式

(4)操作要求:熟悉装配加工工艺过程。

7.7.3 任务说明

通过对装配加工工艺流程的学习,熟悉装配加工基本要求,遵守装配操作基本要领,了解装配加工的基本任务和常用设备、工具、量具。

7.7.4 任务实施

1. 装配

任何一台机器都是由许多零件组合而成的。将零件、组件和部件按装配图及装配工艺过程组装起来,并经过调整,试车使之成为合格产品的过程,称为装配。它是机械产品在制造过程中的最终工序。产品质量的好坏往往由装配质量来决定的,所以装配过程必须严格按照装配工艺规程进行操作、严格检测,使产品达到设计时规定的技术要求。

装配包括组装、部装和总装等,将零件、合件装配成组件称为组装。将零件、合件和组件装配成部件称为部装。将零件、合件、组件和部件最终装配成机器成为总装。

(1)装配的工艺过程

① 装配前的准备

研究和熟悉产品装配图及技术要求;熟悉产品结构、每个零件、部件的作用及它们之间相互连接关系,查清它们的数量、重量及其装拆空间如何;确定装配方法、装配顺序及装配所需要的工具,然后领取零件并对零件进行清理、清洗(去掉零件上的毛刺、锈蚀切屑、油污及其他脏物),涂防护润滑油;对个别零件进行某些修配工作、对有特殊要求的零件进行平衡试验。

② 装配

装配按组件装配→部件装配→总装配的次序进行,并经调整、试验、检验、喷漆、装箱等步骤。

(2)装配方法

为了便装配产品达到设计规定的技术指标,对不同精度的零件装配、不同的装配技术水平和机械设备,应选择不同的装配方法。常用装配方法及其应用见表7-3。

表7-3 常用装配方法及其应用

装配方法		定 义	特点及应用
互换装配法	完全互换装配法	组成部件或机器的各种零件按图纸规定的公差加工合格后,装配时在各种零件中各任选一个零件,不需修配,装配后就能达到装配精度和技术要求;	适用于大批大量生产装配精度不特别高、组成件不特别多的部件或机器;
	大数互换装配法	在绝大多数产品中,装配时各组成零件不需挑选或改变其大小或位置,装配后即能达到装配精度的要求,但少数产品有出现废品的可能性;	适用于大批大量生产装配精度要求较高而组成零件较多($n \geqslant 5$)的部件或机器;

（续表）

装配方法		定　义	特点及应用
分组装配法		把各组成件的公差放大,按经济精度制造;装配前将零件按尺寸大小分成若干组并打上组别标记;装配时将对应组零件连接在一起;	适用于大批大量生产装配精度很高、组成件只有2～3个的场合;
修配装配法		各组成件均按经济精度制造,而在其中一个组成件上预留一定的修配量,在装配时靠钳工或机械加工方法将修配量去除,使部件或机器达到设计所要求的装配精度;	用于产品结构比较复杂、产品精度要求高、单件和小批生产的场合;
调整装配法	可动调整法	采取改变调整件的位置来保证装配精度的方法;	装配方便,可获得较高的装配精度,且可通过调整件来补偿由于磨损、热变形所引起的误差,使设备恢复原有的精度,应用较广;
	固定调整法	在装配尺寸链中选某一个零件为调整件,根据各组成环形成累积误差的大小来更换不同尺寸的调整件,以保证装配精度要求;	适用于装配精度要求较高、组成零件数较多的场合。在使用过程中,通过更换备用件还可补偿磨损;
	误差抵消调整法	在装配中调整组成件的相对位置,使各件加工误差相互抵消一部分以提高装配精度的方法;	适于装配精度较高、生产批量较小的场合

（3）典型连接件的装配

装配的形式很多,下面着重介绍螺纹联接、滚动轴承等几种典型联接件的装配方法。

① 螺纹联接

如图7-41所示,螺纹连接常用零件有螺钉、螺母、双头螺栓及各种专用螺纹等。螺纹连接是现代机械制造中用得最广泛的一种连接形式。它具有紧固可靠、装拆简便、调整和更换方便、宜于多次拆装等优点。

　　a）螺栓联接　　b）双头螺栓联接　　c）螺钉联接　　d）螺钉固定　　　e）圆螺母固定

图7-41　常见螺纹的连接类型

对于一般的螺纹联接可用普通扳手拧紧。而对于有规定预紧力要求的螺纹联接,为了保证规定的预紧力,常用测力扳手或其他限力扳手以控制扭矩,如图7-42所示。

在紧固成组螺钉、螺母时,为使紧固件的配合面上受力均匀,应按一定的顺序来拧紧。如图7-43所示为两种拧紧顺序的实例,按图中数字顺序拧紧,可避免被联接件的偏斜、翘曲和受力不均。而且每个螺钉或螺母不能一次就完全拧紧,应按顺序分2~3次才全部拧紧。

图7-42　测力扳手

1—扳手头;2—指示针;3—读数板

图7-43　拧成组螺母顺序

零件与螺母的贴合面应平整光洁,否则螺纹容易松动。为提高贴合面质量,可加垫圈在交变载荷和振动条件下工作的螺纹联接,有逐渐自动松开的可能,为防止螺纹联接的松动,可用弹簧垫圈、止退垫圈、开口销和止动螺钉等防松装置,如图7-44所示。

a)弹簧垫圈　　　　　　　　　b)止退垫圈

c)开口销　　　　　　　　　d)止动螺钉

图7-44　各种螺母防松装置

② 滚动轴承装配

滚动轴承的配合多数为较小的过盈配合,常用手锤或压力机采用压入法装配,为了使轴承圈受力均匀,采用垫套加压。轴承压到轴颈上时应施力于内圈端面,如图7-45(a)所示;轴承压到座孔中时,要施力于外环端面上,如图7-45(b)所示;若同时压到轴颈和座孔中时,整套应能同时对轴承内外端面施力,如图7-45(c)所示。

a）施力于内圈端面　　　　b）施力于外环端面　　　　c）施力于内外环端面

图 7-45　滚动轴承的装配

当轴承的装配是采用较大的过盈配合时,应采用加热装配,即将轴承吊在 80℃ ~ 90℃ 的热油中加热,使轴承膨胀,然后趁热装入。注意轴承不能与油槽底接触,以防过热。如果是装入座孔的轴承,需将轴承冷却后装入。

轴承安装后要检查滚珠是否被咬住,是否有合理的间隙。

2.装配安全操作规程

(1)遵守《一般钳工安全操作规程》。

(2)现场装配应认真熟悉装配图纸,弄清部件结构、性能,按照装配工艺要求装配、测量。

(3)装配过程中应将装配用的零部件有秩序地放在零件存放架或装配工位上。着手装配时,应将零部件清洗干净,严禁敲打锉磨,以防损坏部件,降低加工精度。

(4)用行车吊装装配零件时,应有专人指挥,与行车工密切配合;用吊链吊装工件时,应避免磕碰,以防损坏。叉杆脚应支牢固,防止滑倒。

(5)高处作业应按规定设置高平台,并遵守有关安全操作规程。停止装配时,严禁将大型零部件吊、悬于空中或放置在有可能滚滑的位置上,装配过程中休息时,应将未安装就位的大型零件用垫块支稳。工作完毕,应将工具擦净放好,清理现场,切断电源。试车前应将防护、保护装置安装牢固,并检查机器内是否有遗留物。

3.拆卸工作要求

(1)机器拆卸工作应按其结构的不同,预先考虑操作程序,以免先后倒置,或贪图省事猛拆猛敲,造成零件的变形或损伤。

(2)拆卸的顺序,应与装配的顺序相反,一般应先拆外部附件,然后按总成、部件进行拆卸。在拆卸部件或组件时,应按从外部到内部、从上部到下部的顺序依次拆卸组件或零件。

(3)拆卸时,使用的工具必须保证零件不受损伤(尽可能使用专用工具,如各种拉出器、固定扳手等)。严禁用硬手锤直接在零件的工作表面上敲击。

(4)拆卸时,零件的回松方向(左右螺纹)必须辨别清楚。

(5)拆下的部件和零件,必须有次序、有规则地放好,并按原来的结构套在一起,配合件作上记号,以免搞乱。对丝杠、长轴类零件必须用绳索将其竖直吊起,并且用布包好,以防弯曲变形和碰伤。

任务八　四方配合件加工

7.8.1　任务书

如图 7-46 所示,根据已经学习过的钳工加工内容,完成件一和件二的配合加工任务,材料为 Q235A。

件一

件二

图 7-46　四方配合加工图

7.8.2　任务知识点

(1)掌握锯削加工操作要点和注意事项。
(2)掌握锉削加工操作要点和注意事项。
(3)掌握画线、直角加工、尺寸控制、钻孔、攻螺纹等操作要点。
(4)操作要求:正确使用钳工加工技术完成实训任务。

7.8.3　任务说明

(1)正确分析零件图,熟悉加工工艺要求。
(2)合理选择毛坯尺寸。
(3)先完成件一各个部分尺寸加工,再从件一落料部分基础上加工件二。

7.8.4　任务实施

(1)将件二配到件一缺角处,如图 7 - 47 所示。

(2)配合位置要求边沿平齐,检测要符合 60±0.04 精度。配合位置要做到严紧合缝,基本不透光,配合间隙允许误差不超过 0.04mm。

图 7 - 47　四方配合示意图

3. 简要加工步骤:

(1)下料并锉直角

① 先将 80mm×130mm 钢板从中间锯削加工成等尺寸的两部分,每位同学使用一块。

② 将锯下的小钢板锉好一个直角,必须通过在平板、方箱作透光检查合格,使用该直角做为画线的基准角。

(2)画线

① 按照图 7 - 47 所示进行画线。画线操作高度尺在平板上与方箱上进行。

② 剖面线处为加工件二的材料。首先将 A 面放到平板上,并贴在方箱上,这样工件才能垂直,然后将高度尺调至 60mm 的刻线处,再分别以 A、B 两个面为基准划 60mm×60mm 的尺寸线。

③ 把高度尺调至 30mm 刻线处,分别以 A、B 两个面为基准划 30mm×30mm 尺寸线。

(3)锯削加工

用锯子按如图 7 - 47 所示把打剖面线部分锯掉,打剖面线处是用来做件二的料,所以必须先锯下,再把 60mm 多余处锯掉,在锯削时应注意留有锉削余量。

（4）按线修锉

① 粗锉：锉至离尺寸线还有 0.2～0.5 毫米时用锯子在 30mm×30mm 线段交点处锯一条 2mm×2mm 的工艺槽。

② 精锉：精锉时一定要用游标卡尺反复检测，同时还要用直角尺检查直角精度，这样才能保证配合精度。直至修锉至给定尺寸精度要求。

（5）划 2—M8 孔位线，并在孔中心处打样冲眼。

（6）钻攻 M8 的螺纹底孔（用 Φ6.7 钻头钻）并攻 M8 内螺纹，修毛刺。

（7）加工件二

① 把锯下的剖面线处的料锉直角。

② 以锉直角的边为基准，划 30mm×30mm 尺寸线。

③ 锯掉多余部分，注意留有锉削余量。

④ 件二与件一锉配，注意有直角精度与尺寸精度，并用游标卡尺与角尺检测。

任务九　综合训练

7.9.1　任务书

1. 零件图—錾口榔头；

2. 零件图—圆弧锉配；

3. 零件图—燕尾锉配；

4. 零件图—五边形锉配。

图 7-48　錾口榔头

图 7 - 49　圆弧锉配

图 7 - 50　燕尾锉配

图 7 - 51　五边形锉配

5. 零件图—十字形锉配

图 7-52　十字形锉配

项目八　焊　接

实训目的与要求

(1)了解焊接方法的特点、分类及应用。

(2)掌握焊条电弧焊方法:焊接电弧的特性与组成、接法,焊接设备、电焊条、焊接工艺等。

(3)掌握其基本操作方法。

(4)掌握气焊与气割的工艺及设备,并能独立操作。

(5)了解其他焊接方法的特点及应用。

(6)了解焊接缺陷及其检验方法。

(7)一般了解常用金属材料的焊接特点。

安全操作规程

(1)工作前应检查焊机,导线绝缘是否良好,如有问题应及时处理后才能使用。

(2)工作时要戴好工作帽,穿好工作服,系好鞋带,戴好电焊面罩和皮手套,防止弧光烧伤皮肤和眼睛。

(3)不准用手取拿或接触刚焊过的工件或刚用过的焊条头,以免烫伤。

(4)敲焊药皮时,要注意方向,避免焊渣飞溅到自己或他人脸上或眼睛里。

(5)焊接时,除注意自身安全外,尽可能用挡光板或身体遮住弧光。

(6)工作场地要保持整洁、通畅,以防止碰伤或跌伤。

(7)氧气瓶是存储高压氧气的容器,有爆炸危险,使用时要防止撞击,不准置于高温环境中,不准接触油污或其他易燃物品。

(8)乙炔气瓶是存储乙炔气容器,不准置于高温附近和易燃易爆物附近。乙炔发生器和电石桶附近严禁烟火,以防爆炸。

(9)输送氧气和乙炔气的胶管,严禁烫或碰,以防漏气,引起大火、爆炸。

(10)进行气焊或气割时,要戴防护镜,防止铁水飞溅时,烫伤眼睛。

(11)进行气焊或气割时,发现不正常现象,如焊嘴出口处有爆炸声或突然灭火等,应迅速关闭乙炔,后关氧气,切断气源,找出原因,采取措施后才能继续操作。

(12)下班时,应收拾好工具、面罩、手套、焊机导线等并注意切断电源。

任务一　手工电弧焊

8.1.1　任务书

(1)了解焊接的方法及种类并正确使用。

(2)了解并正确使用手工电弧焊的焊机和电焊条。

8.1.2　知识点和技能点

知识点：

(1)手工电弧焊的认识；

(2)弧焊机的认识；

(3)电焊条的认识；

(4)焊机接头形式和坡口形式；

(5)焊缝的空间位置；

(6)焊接工艺参数的选择；

(7)焊接缺陷。

技能点：

(1)焊接参数的选择；

(2)手工电弧焊的基本操作。

8.1.3　任务说明

(1)设备:交流电焊机和直流电焊机；

(2)工具:焊钳、榔头和钢丝钳；

(3)防护用品:电焊手套、电焊面罩、电焊护膝。

8.1.4　任务实施

1. 焊接的类型

焊接是一种永久性联接金属材料的工艺方法。焊接过程的实质是利用加热或加压、或两者兼用,借助于金属原子的结合和扩散作用,使分离的金属材料牢固地连接起来。

根据实现原子间结合的方式不同,焊接方法可以分为三大类:

(1)熔化焊　将焊件接头处局部加热到熔化状态,通常还需加入填充金属(如焊丝、电焊条)已形成共同的熔池,冷却凝固后即可完成焊接过程。

（2）压力焊　将焊件接头处局部加热到高温塑性状态或接近熔化状态，然后施加压力，使接头处紧密接触并产生一定的塑性变形，从而完成焊接过程。

（3）钎焊　将填充金属（低熔点钎料）熔化后，渗入到焊件的接头处，通过原子的扩散和溶解而完成焊接过程。常用焊接方法如图 8-1 所示。

图 8-1　焊接方法分类

2. 焊接的优点及缺点

在现代制造业中，焊接技术起着十分重要的作用。无论是在钢铁、车辆、航空航天、石化设备、机床、桥梁等行业，还是在电机电器、微电子产品、家用电器等行业，焊接技术都是一种基本的、甚至是关键性或主导性的生产技术。

随着焊接技术的不断发展，焊接几乎全部代替了铆接。不仅如此，在机械制造业中，不少过去一直用整铸、整锻方法生产的大型毛坯也改成了铸－焊、锻－焊联合结构。因为焊接与其他加工方法相比，具有下列特点：

（1）节省材料和工时，产品密封性好

在金属结构件制造中，用焊接代替铆接，可节省材料 15%～20%。又如，起重机采用焊接结构其重量可减轻 15%～20%。另外，制造压力容器在保证产品密封性方面，焊接也比铆接优越。

与铸造方法相比，焊接不需专门的熔炼、浇注设备，工序简单，生产周期短，这一点对单件和小批量生产特别明显。

（2）采用铸－焊、锻－焊和冲－焊复合结构，能实现以小拼大，生产出大型、复杂的结构件，以克服铸造或锻造设备能力的不足，有利于降低产品成本，取得较好的技术经济效益。

（3）能连接异种金属　如将硬质合金刀片和车刀刀杆（碳钢）焊在一起；又如大型齿轮的轮缘可用高强度的耐磨优质合金钢，其他部分可用一般钢材来制造，将其焊成一体。这样既提高了使用性能，又节省了优质钢材。

（4）焊接结构也有缺点，生产中有时也发生焊接结构失效和破坏的事例。这是因为焊接过程中局部加热，焊件性能不均匀，并存在较大的焊接残余应力和变形的缘故，这些将影响到构件强度和承载能力。

3. 手工电弧焊

焊接方法的种类有很多,如焊条电弧焊、埋弧自动焊、气体保护焊和气焊等,而尤以手工电弧焊应用最广。手工电弧焊通常又称焊条电弧焊,属于熔化焊焊接方法之一,它是利用电弧产生的高温、高热量进行焊接的。其焊接过程如图8-3所示。

(1)焊接电弧的产生

焊接电弧是在电极与工件之间的气体介质中长时间的放电现象。不同的焊接方法产生焊接电弧的方法也不一样,常用的引弧方法有接触引弧法。接触引弧法是将焊条或焊丝敲击工件或与工件摩擦引弧。焊接时,焊接电源的两极分别与焊条和焊件相连接。当焊条与焊件瞬时接触时,由于短路而产生很大的短路电流,接触点在很短时间内产生大量的热,致使焊条接触端与焊件温度迅速升高。将焊条轻轻提起时,焊条与焊件之间就形成由高温空气、金属和药皮的蒸汽所组成的气体空间,在电场的作用下,这些高温气体极容易被电离成为正离子和自由电子,正离子流向阴极,电子流向阳极,因而引燃焊接电弧。同时,这些离子和电子在运动过程中有不断撞击气体分子,促使气体不断产生电离,从而维持电弧的燃烧。

(2)焊接电弧的组成

焊接电弧的结构如图8-4所示,它由阳极区(焊接时,电弧紧靠正极的区域)、阴极区(焊接时,电弧紧靠负极的区域)和弧柱区三部分组成。

图8-2

图8-3 焊接过程

图8-4 焊接电弧的基本构造

一般情况下,电弧热量在阳极区产生的较多,约占总热量的 43%;阴极区因放出大量电子时消耗一定能量,所以产生的热量较少,约占 36%;其余的 21% 左右是在弧柱中产生的。

电弧中阳极区和阴极区的温度因电极材料（主要是电极熔点）不同而有所不同。用钢焊条焊接钢材时，阳极区温度约 2600K，阴极区温度约 2400K，电弧中心区温度最高，可达到 6000～8000K。

上面所述的是直流电弧的热量和温度分布情况。至于交流电弧，由于电源极性快速交替变化，所以两极的温度基本相同，约为 2500K。

（3）焊接电源极性选用

在使用直流电源焊接时，由于阴、阳两极的热量和温度分布是不均匀的，因此有正接和反接两种不同的接法。

① 直流正接　焊件接电源正极，电极（焊条）接电源负极的接线法称正接，如图 8-5a）所示。

② 直流反接　焊件接电源负极，电极（焊条）接电源正极的接线法称反接，如图 8-5b）所示。

图 8-5　直流电源时的正接与反接

采用正接法还是反接法，主要从保证电弧稳定燃烧和焊缝质量等方面考虑。不同的焊接方法，不同种类的焊条，要求不同的接法。

一般情况下皆用正接，因焊件上热量大，可提高生产率，如焊厚板、难熔金属等。反接只在特定要求时才用，如焊接有色金属、薄钢板或采用低氢型焊条等。

4. 焊接设备

手工电弧焊使用的设备主要有以下三种：

（1）交流弧焊机

它是一个具有下降特性并在其他方面都能满足焊接要求的特殊的降压变压器，其工作原理与一般电力变压器相同，但具有较大的感抗，以获得下降特性，且感抗值可辨，以便调节焊接电流。这种焊机具有结构简单、价格便宜、使用方便、维护容易的优点，但电弧稳定性较差。如图 8-6 所示是目前较常用的交流弧焊机的外形图，其型号为 BX1－250，其中"B"表示弧焊变压器，"X"表示下降外特性（电源输出端电压与输出电流的关系），"1"为系列品种序号，"250"表示弧焊机的额定焊接电流为 250A。

（2）硅整流弧焊机

硅整流弧焊机可用于所有牌号焊条的直流手工电弧焊接，特别适用于碱性低氢型焊条焊接重要的低碳钢、中碳钢及普通低合金钢构件。它具有高效节能、节省材料、体积小、维修方便、稳定性好及调节方便等特点。如图 8-7 所示是一种常用的整流弧焊机的外形，其型号为 ZXG－300，其中"Z"表示弧焊整流器，"X"表示下降外特性，"G"表示该整流弧焊机采用硅整流元件，"300"表示整流弧焊机的额定焊接电流为300A。

图 8-6　交流弧焊机　　　　　　图 8-7　整流弧焊机

（3）逆变弧焊机

逆变弧焊机是通过改变频率来控制电流、电压的一种新型焊机。该焊机的电源具有陡降外特性，适用于所有牌号焊条的手工电弧焊接。该焊机具有下列特点：具有高效节能、高功率因素、低空载损耗；有多种自保护功能（过流、过热、欠压、过压、偏磁、缺相保护），避免了焊机的意外损坏；动态品质好、静态精度高、引弧容易、燃烧稳定、重复引燃可靠、便于操作；小电流稳定、大电流飞溅小、噪声低，在连续施焊过程中，焊接电流漂移小于±1％，为获得优质接头提供了可靠保证；电流调节简单，既可预置焊接电流，也可在施焊中随意调节，适应性强，利于全位置焊接。这种新型焊机还可一机两用，在短路状态下，可作为工件预热电源，这在焊机历史上是一个很大的进步。

焊接时除了弧焊机外，常用的工具有夹持焊条的焊钳、劳动保护用的皮手套、护目墨镜或面罩等。

5．电焊条

（1）电焊条的组成及作用

电焊条由焊芯和药皮两部分组成。

① 焊芯

焊条中被药皮包裹的金属芯称焊芯。它的主要作用是导电和填充焊缝金属。

焊芯是经过特殊冶炼而成的，其化学成分应符合 GB/T14957—1994 的要求。常用的几种碳素钢焊接钢丝的牌号和成分见表 8-1。焊芯的牌号用"H"＋碳的质量分数表示。牌号后带"A"者表示其硫、磷含量不超过 0.03％。

表 8-1　碳素钢焊接钢丝的牌号和成分

钢　号	化学成分/%							用　途
	w_c	w_{Mn}	w_{Si}	w_{Cr}	w_{Ni}	w_S	w_P	
H08E	≤0.10	0.30～0.55	≤0.03	≤0.20	≤0.30	≤0.02	≤0.02	重要焊接结构
H08A	≤0.10	0.30～0.56	≤0.03	≤0.20	≤0.30	≤0.03	≤0.03	一般焊接结构
H08MnA	≤0.10	0.80～1.10	≤0.07	≤0.20	≤0.30	≤0.03	≤0.03	用作埋弧焊焊丝

从表中可以看出,焊芯成分中含碳较低,硫、磷含量较少,有一定合金元素含量,可保证焊缝金属具有良好的塑性、韧性,以减少产生焊接裂纹倾向,改善焊缝的力学性能。

焊芯的直径即为焊条直径,常用的焊芯直径有 1.6mm、2.0mm、2.5mm、3.2mm、5.0mm 等几种,长度在 200～450mm 之间。直径为 3.2～5mm 的焊芯应用最广。

② 焊条药皮

焊条药皮在焊接过程中有如下作用:

◆ 形成气-渣联合保护,防止空气中有害物质侵入。

◆ 对焊缝进行脱硫、脱氧,并渗入合金元素,以保证焊缝金属获得符合要求的化学成分和力学性能。

◆ 稳定电弧燃烧,有利于焊缝成形,减少飞溅等。

为了满足以上作用,因此焊条药皮的组成成分相当复杂,一种焊条药皮的配方中,组成物一般有七八种之多,焊条药皮原材料的种类、名称和作用见表 8-2。

表 8-2　焊条药皮原材料的种类、名称和作用

原料种类	原料名称	作　用
稳弧剂	碳酸钾、碳酸钠、长石、大理石、钛白粉、钠水玻璃、钾水玻璃;	改善引弧性能,提高电弧燃烧的稳定性;
造气剂	淀粉、木屑、纤维素、大理石;	造成一定的气体,隔绝空气,保护焊接熔滴与熔池;
造渣剂	大理石、氟石、菱苦石、长石、锰矿、钛铁矿、黄土、钛白粉、金红石;	造成具有一定物理、化学性能的熔渣,保护焊缝。碱性渣中的 CaO 还可起脱硫、磷的作用;
脱氧剂	锰铁、硅铁、钛铁、铝铁、石墨;	降低电弧气氛和熔渣的氧化性,脱氧。锰还可脱硫;
合金剂	锰铁、硅铁、铬铁、钼铁、钒铁、钨铁;	使焊缝金属获得必要的合金成分;

（续表）

原料种类	原料名称	作　用
稀渣剂	氟石、长石、钛铁矿、钛白粉;	增加熔渣流动性,降低熔渣粘度;
粘结剂	钠水玻璃、钾水玻璃;	将药皮牢固地粘在钢芯上

（2）焊条的型号与牌号

① 电焊条型号（国家标准中的焊条代号）

碳钢焊条应用最广泛,按 GB/T5117—1995 碳钢焊条标准,其型号用大写字母"E"和四位数字表示。"E"表示焊条,前两位数字表示熔敷金属抗拉强度的最小值,单位为MPa,第三位数字表示焊条适用的焊接位置,"0"、"1"表示焊条适用于全位置焊接（平、立、仰、横）,"2"表示焊条适用于平焊及平角焊,"4"表示焊条适用于向下立焊,第三位和第四位数字组合表示焊接电流种类及药皮类型。如:

② 焊条牌号（焊条行业统一的焊条代号）

焊条牌号一般用一个大写拼音字母和三个数字表示,如 J422、J506 等。拼音字母表示焊条的各大类,如"J"表示结构钢焊条;前两位数字表示焊缝金属抗拉强度的最小值,单位 MPa,第三位数字表示药皮类型和电流种类。结构钢焊条牌号中数字的意义见表8-3,其他焊条牌号表示方法见《焊接材料产品样本》(1997 年版)。

表 8-3　结构钢焊条牌号中数字的意义

牌号中第一、第二位数字	焊缝金属抗拉强度等级/MPa	牌号中第三位数字	药皮类型	焊接电源种类
42	420	0	不属已规定类型	不规定
50	490	1	氧化钛型	直流或交流
55	540	2	氧化钛钙型	直流或交流
60	590	3	钛铁矿型	直流或交流
70	690	4	氧化铁型	直流或交流
75	740	6	低氢钾型	直流或交流
80	780	7	低氢钠型	直流

一般来说,型号和牌号是对应的,但一种型号可以有多种牌号,因牌号比较简明,所以生产中常用牌号表示。

6. 焊接接头形式和坡口形式

(1)接头型式设计根据 GB/T3375—1994 规定,焊接碳钢和低合金钢的基本接头型式有对接、搭接、角接和 T 形接四种,如图 8-8 所示。焊接接头形式的选择应根据结构形状、强度要求、工件厚度、焊缝位置、焊后应力与变形大小、坡口加工难易程度及焊接材料消耗等因素综合考虑。

对接接头是焊接结构应用最多的接头形式,其接头受力比较均匀,检验方便,接头质量也容易保证,适用于重要的受力焊缝,如锅炉、压力容器等结构。

a) 对接   b) 角接   c) T形接   d) 搭接

图 8-8 常用的焊接接头型式

搭接接头因两焊件不在同一个平面内,受力时产生附加弯矩,降低接头强度,一般应避免采用,但搭接接头不用开坡口,备料、装配比较容易,对某些受力不大的平面连接(如厂房屋架、桥梁等),采用搭接接头可以节省工时。

角接接头和 T 形接头受力都比对接接头复杂,但接头成一定角度或直角连接时,必须采用这类接头型式。

此外,对于薄板气焊或钨极氩弧焊,为了避免烧穿或为了省去填充焊丝,常采用卷边接头。

(2)坡口型式设计

将焊件的待焊部位加工出一定形状的沟槽称坡口。为了保证将焊件根部焊透,并减少母材在焊缝中的比例,焊条电弧焊时钢板厚度大于 6mm 时需要开坡口(重要结构中板厚大于 3mm 时也要求开坡口)。

焊条电弧焊常见的坡口基本形式有 I 形坡口、X 形坡口、V 形坡口、U 形坡口等几种,如图 8-9 所示。坡口形式的选择主要根据板厚,目的是既保证能焊透,又能提高生产率和降低成本。其中 X 形坡口适用于钢板厚度 12~60mm 以及要求焊后变形较小的结构;U 形坡口适用于钢板厚度 20~60mm 较重要的焊接结构;V 形坡口加工比较容易,但焊后变形大,适用于钢板厚度 3~26mm 的一般结构。

不开坡口   V形坡口   X形坡口

U形坡口   双U形坡口

a) 对接接头坡口

b）T形接头坡口

c）角接接头坡口

图 8-9　焊接接头的坡口

7. 焊接位置

熔焊时,焊件接缝所处的空间位置称为焊接位置,有平焊位置、立焊位置、横焊位置和仰焊位置等。平焊位置易于操作,生产率高,劳动条件好,焊接质量容易保证。因此,焊件应尽量放在平焊位置施焊,立焊位置和横焊位置次之,仰焊位置最差如图 8-10 所示。

图 8-10　焊接位置

8. 焊接工艺参数

焊接时,为保证焊接质量而选定的诸物理量,称为焊接工艺参数。焊条电弧焊的工艺参数包括焊条直径、焊接电流、电弧电压、焊接速度和焊接层次等。焊接工艺参数选择是否正确,直接影响焊接质量和生产率。

(1)焊接工艺参数的选择

① 焊条直径 通常在保证焊接质量的前提下,尽可能选用大直径焊条以提高生产率。选择焊条直径,主要依据焊件厚度,同时考虑接头形式、焊接位置、焊接层数等因素。厚焊件可选用大直径焊条,薄焊件应选用小直径焊条。一般情况下,可参考表8-4的规定选择焊条直径。

表 8-4 焊条直径的选择

焊件厚度	<4	4~7	8~12	>12
焊条直径	不超过焊条直径	3.2~4.0	4.0~5.0	4.0~5.8

在立焊位置、横焊位置和仰焊位置焊接时,由于重力作用,熔化金属容易从接头中流出,应选用较小直径焊条。在实施多层焊时,第一层焊缝应选用较小直径焊条,以便于操作和控制熔透;以后各层可选用较大直径焊条,以加大熔深和提高生产率。

② 焊接电流 选择焊接电流主要根据焊条直径。对一般钢焊件,可以根据下面的经验公式来确定:

$$I = Kd$$

式中:I——焊接电流,A;

d——焊条直径,mm;

K——经验系数,可按表8-5确定。

表 8-5 经验系数的确定

焊条直径/mm	1.6	2.0~2.5	3.2	4.0~5.8
K	20~25	25~30	30~40	40~50

根据以上经验公式计算出的焊接电流,只是一个大概的参考数值,在实际生产中还应根据焊件厚度、接头形式、焊接位置、焊条种类等具体情况灵活掌握。例如,焊接大厚度焊件或T形接头和搭接接头时,焊接电流应大些;立焊、横焊或和仰焊时,为了防止熔化金属从熔池中流淌,须采用较小些的焊接电流,一般比平焊位置小10%~20%。重要结构焊接时,要通过试焊来调整和确定焊接电流大小。

③ 电弧电压 电弧电压由电弧长度决定。电弧长则电弧电压高,反之则低。焊条电弧焊时电弧长度是指焊芯熔化端到焊接熔池表面的距离。若电弧过长,电弧飘摆,燃烧不稳定,熔深减小、熔宽加大,并且容易产生焊接缺陷。若电弧太短,熔滴过渡时可能经常发生短路,使操作困难。正常的电弧长度是小于或等于焊条直径,即所谓短弧焊。

④ 焊接速度 焊接速度是指单位时间内焊接电弧沿焊件接缝移动的距离。焊条电弧焊时,一般不规定焊接速度,而由焊工凭经验掌握。

⑤ 焊接层数 厚板焊接时,常采用多层焊或多层多道焊。相同厚度的焊件,增加焊接层数有利于提高焊缝金属的塑性和韧性,但焊接变形增大,生产效率下降。层数过少,每层焊缝厚度过大,接头性能变差。一般每层焊缝厚度以不大于 4～5mm 为好。

（2）焊接工艺参数对焊缝成形的影响

焊接工艺参数是否合适,直接影响焊缝成形。图 8-11 表示焊接电流和焊接速度对焊缝形状的影响。

焊接电流和焊接速度合适时,焊缝形状规则,焊波均匀并呈椭圆形,焊缝到母材过渡平滑,焊缝外形尺寸符合要求,如图 8-11a 所示。

焊接电流太小时,电弧吹力小,熔池金属不易流开,焊波变圆,焊缝到母材过渡突然,余高增大,熔宽和熔深均减小,如图 8-11b 所示。

焊接电流太大时,焊条熔化过快,尾部发红,飞溅增多,焊波变尖,熔宽和熔深都增加,焊缝出现下榻,严重时可能产生烧穿缺陷,如图 8-11c 所示。

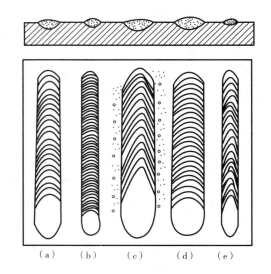

(a)　(b)　(c)　(d)　(e)

图 8-11　焊接电流和焊接速度对焊缝的影响

焊接速度太慢时,焊波变圆,熔宽、熔深和余高均增加,如图 8-11d 所示。焊接薄焊件时,可能产生烧穿缺陷。

9. 焊接缺陷与检验

（1）焊接缺陷

常见的焊接缺陷主要有咬边、焊瘤、裂纹、气孔与缩孔、夹杂与夹渣、烧穿、未焊满、未熔合与未焊透等。

① 咬边 咬边是指在基本金属与焊缝金属交接处因焊接而造成的沟槽,如图 8-12a、b 所示。产生咬边的原因有焊接电流太大、电弧太长、焊接速度太快、运条操作不当等。

② 焊瘤 焊瘤是指在焊接过程中,熔化金属流溢到焊缝之外的未熔化的母材上形成的金属瘤,如图 8-12c 所示。

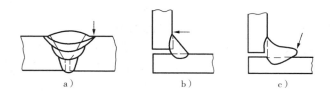

a)　　　　　b)　　　　　c)

图 8-12　咬边和焊瘤

③ 裂纹 焊接裂纹主要有热裂纹和冷裂纹两种。热裂纹是焊接过程中,焊缝和热影

响区金属冷却到固相线附近的高温时产生的裂纹。常见的热裂纹有结晶裂纹和液化裂纹。结晶裂纹是焊缝金属在结晶过程中冷却到固相线附近的高温时,液态晶界在焊接收缩应力作用下产生的裂纹,常发生在焊缝中心和弧坑,如图 8-13a 所示。液化裂纹是靠近熔合线的热影响区和多层间焊缝金属,由于焊接热循环,低熔点杂质被熔化,在收缩应力作用下发生的裂纹。接头表面热裂纹有氧化色彩,冷裂纹是焊接接头冷却到较低温度下时产生的裂纹,延迟裂纹是主要的一种冷裂纹,是焊接接头冷却到室温并在一定时间(几小时、几天,甚至十几天)后才出现的。延迟裂纹常发生在热影响区,如图 4-19b 所示。

延迟裂纹的产生与接头的淬硬组织、扩散氢的聚集以及焊接应力有关。为了防止发生冷裂常采取预热、后热,采用低氢焊条、烘干焊条、清除坡口及两侧的锈与油、减小焊接应力等措施。

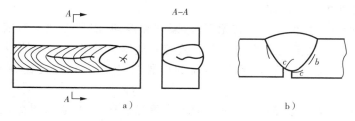

图 8-13　结晶裂纹和延迟裂纹

④ 气孔和缩孔

气孔是熔池中的气泡在凝固时未能溢出而残留下来所形成的空穴。产生气孔的原因有焊条受潮而未烘干,坡口及附近两侧有锈、水、油污而未清除干净,焊接电流过大或过小,电弧长度太长以致熔池保护不良,焊接速度过快等。缩孔是熔化金属在凝固过程中,收缩而产生的残留在焊缝中的孔穴。

⑤ 夹杂和夹渣

夹杂是残留在焊缝金属中由冶金反应产生的非金属夹杂和氧化物。夹渣是残留在焊缝中的熔渣。产生夹渣的原因主要有坡口角度太小,焊接电流太小,多层多道焊时清渣不干净,运条操作不当等。

⑥ 未熔合和未焊透

未熔合是在焊缝金属与母材之间或焊道金属之间未完全熔化结合的部分,如图 8-14a 所示。产生未熔合的原因主要有焊接电流太小,电弧偏吹,待焊金属表面不干净等。未焊透是焊接时接头根部未完全熔透的现象,如图 8-14b、c、d 所示。

图 8-14　未熔合和未焊透

产生未焊透的原因是焊接电流太小,钝边太大,根部间隙太小,焊接速度太快,操作技术不熟练等。

焊接缺陷会导致应力集中,降低承载能力,缩短使用寿命,甚至造成脆断。一般技术规程规定,裂纹、未熔合和表面夹渣是不允许有的;气孔、未焊透、内部夹渣和咬边等缺陷不能超过一定的允许值。对于超标缺陷应予彻底去除和焊补。

(2)焊接质量检验

检查焊接质量有两类检验方法:一类是非破坏性检验,包括外观检验、密封性检验、耐压检验和无损探伤等;另一类是破坏性试验,如力学性能试验、金相检验、断口检验和耐腐蚀试验等。

① 非破坏性检验

◆ 外观检验　是用肉眼或借助样板或用低倍放大镜及简单通用的量具检验焊缝外形尺寸和焊接接头的表面缺陷。

◆ 密封性检验　是检查接头有无漏水、漏气和渗油、漏油等现象的试验。常用的有煤油试验、载水试验、气密性试验和水压试验等。气密性检验是将压缩空气(或氨、氟利昂、卤素气体等)压入焊接容器,利用容器的内外气体的压力差检查有无泄漏的试验方法。

◆ 耐压试验　是将水、油、气等充入容器内徐徐加压,以检查其泄漏、耐压、破坏等的试验,通常采用水压试验。水压试验常用于锅炉、压力容器及其管道的检验,既检验受压元件的耐压强度,又可检验焊缝和接头的致密性(有无渗水、漏水)。

◆ 焊缝无损探伤　常用方法有渗透探伤、磁粉探伤、射线探伤和超声探伤等。渗透是利用带有荧光染料(荧光法)或红色染料(着色法)的渗透剂的渗透作用,显示缺陷痕迹的无损检验法,现在常用着色法检查各种材料表面微裂纹。磁粉探伤是利用在强磁场中,铁磁性材料表层缺陷产生的漏磁场吸附磁粉的现象而进行的无损检验法,常用来检查铁磁材料的表面微裂纹及浅表层缺陷。射线探伤是用 X 射线或 γ 射线照射焊接接头检查内部缺陷的无损检验法。超声探伤是利用超声波探测材料内部缺陷的无损检验法。

② 破坏性试验

◆ 力学性能试验　力学性能试验有焊缝和接头拉伸试验、接头冲击试验、弯曲试验和硬度试验等,测定焊缝和接头的强度、塑性、韧性和硬度等各项力学性能指标。

◆ 金相检验　金相检验有宏观检验和微观检验两种。金相检验磨片可以从试验焊件产品上切取。宏观检验可检查该断面上裂纹、气孔、夹渣、未熔合和未焊透等缺陷。微观检验可以确定焊接接头各部分的显微组织特征、晶粒大小以及接头的显微缺陷(裂纹、气孔、夹渣等)和组织缺陷。

◆ 断口检验用于检查管子对接焊缝,一般是将管接头拉断后,检查该断口上焊缝的缺陷。

8.1.5　拓展训练

针对相同的焊件,将平焊操作分别改为立焊、横焊和仰焊并评分。

任务二　其他焊接方法

8.2.1　任务书

(1)了解气焊和气割;
(2)了解其他几种焊接方法。

8.2.2　知识点和技能点

知识点:
(1)气焊的设备及气焊火焰;
(2)气割设备及原理;
(3)其他种类焊接设备及原理。
技能点:
(1)气焊的基本操作;
(2)气割的基本操作。

8.2.3　任务说明

(1)设备:氧气瓶、乙炔瓶、回火防止器、焊炬、割炬。
(2)工具:焊丝、氧气胶管、乙炔胶管、点火枪。
(3)防护用品:护目镜、焊接手套。
(4)焊接点火、火焰调节和灭火练习。

8.2.4　任务实施

1. 气焊

气焊是利用可燃气体如乙炔(C_2H_2)和助燃气体氧气(O_2)混合燃烧的高温火焰来进行焊接的,其工作情况如图 8-15 所示。

气焊所用的设备有乙炔发生器、回火防止器、氧气瓶、减压阀和焊炬等,如图 8-16所示。

(1)气焊火焰

改变氧气和乙炔的体积比例,可获得三种不同性质的气焊火焰。

◆ 中性焰　氧气和乙炔的混合比为 1～1.2 时燃烧所形成的火焰称为中性焰,又称为正常焰。其焰心特别明亮,内焰颜色较焰心暗,呈淡白色,温度最高可达 3000℃～

3200℃,外焰温度较低,呈淡蓝色。焊接时应使熔池及焊丝末端处于焰心前 2～4mm 的最高温度区。

图 8-15　气焊示意图　　　　　　图 8-16　气焊设备及其连接

中性焰应用最广,一般常用于焊接碳钢、紫铜和低合金钢等。

◆ 碳化焰　氧气和乙炔的混合比小于 1 时燃烧所形成的火焰称为碳化焰。其火焰特征为内焰变长且非常明亮,焰心轮廓不清,外焰特别长。且温度也较低,最高温度约为 2700℃～3000℃。

碳化焰中的乙炔过剩,适用于焊接高碳钢、铸铁和硬质合金等材料。焊接其他材料时,使焊缝金属增碳,变得硬而脆。

◆ 氧化焰　氧气和乙炔的混合比为大于 1.2 时燃烧所形成的火焰称为氧化焰。由于氧气较多,燃烧比中性焰剧烈,火焰各部分长度均缩短,温度比中性焰高,可达 3100℃～3300℃。由于氧化焰对熔池有氧化作用,故一般不宜采用,只适用于焊接黄铜、镀锌铁皮等。

（2）气焊操作要领

① 先把氧气瓶的气阀打开,调节减压器使氧气达到所需的工作压力,同时检查乙炔发生器和回火防止器是否正常。点火时,先微开焊炬上的氧气阀,再开乙炔气阀,然后点燃火焰。这时的火焰为碳化焰。随即慢慢开大氧气阀,观察火焰的变化,最后调节成为所需的中性焰。灭火时,应先关闭乙炔气阀,然后关闭氧气阀。

② 气焊操作是右手握焊炬,左手拿焊丝;可以向左焊,也可以向右焊,如图 8-17 所示。向右焊时,焊炬在前,焊丝在后。这种焊法的火焰对熔池保护较严,并有利于把熔渣吹向焊缝表面,还能使焊缝缓慢冷却,以减少气孔、夹渣和裂纹等焊接缺陷,因此焊接质量较好。但是,焊丝挡住视线,操作不便。向左焊时,焊丝在前,焊炬在后。这种焊法的火焰吹向待焊部分的接头表面,能起到预热作用,因此焊接速度较快。又因操作较为方便,所以一般都采用向左焊

图 8-17　气焊焊接方向

③ 施焊方法

开始焊接时,因为工件的温度还低,所以焊嘴应与工件垂直,使火焰的热量集中,尽快使工件接头表面的金属熔化。焊到接头的末端时,则应将焊嘴与工件的夹角减小,以免烧塌工件的边缘,且有利于金属熔液填满接头的空隙。焊接过程中,不仅要掌握好焊嘴的倾斜角度,还应注意送进焊丝的方法。焊接时,先用火焰加热工件,焊丝端部则在焰心附近预热。待工件接头表面的金属熔化形成熔池之后,才把焊丝端部浸入熔池。焊丝熔化到一定数量之后,应退出熔池,焊炬随即向前移动,又熔化工件接头的待焊部分,形成新的熔池。也就是说,焊丝不能经常处在火焰前面,以免阻碍工件受热,也不能使焊丝在熔池上面熔化后滴入熔池,更不能在接头表面尚未熔化时就送入焊丝。

(3)气焊的特点及其应用

◆ 生产率低 由于气焊火焰温度低,加热缓慢。

◆ 焊件变形大 气焊热量分散,热影响区宽。

◆ 接头质量不高 焊接时火焰对熔池保护性差。

◆ 气焊火焰易控制和调整,灵活性强。气焊设备不需电源

因此,气焊适用于 3mm 以下的低碳钢薄板、铸铁焊补以及质量要求不高的铜和铝合金等合金的焊接。

2.气割

氧气切割简称气割。气割的效率高、成本低、设备简单,并能在各种位置进行切割,因此它被广泛用于钢板下料和铸钢件浇冒口的割除。

气割是利用中性焰将金属预热到燃点,然后开放切割氧,将金属剧烈氧化成熔渣,并从切口中吹掉,从而将金属分离。

被切割金属应具备的条件是:

◆ 金属的燃点应低于其熔点。否则切割前金属先熔化,使切口过宽并凹凸不平。

◆ 燃烧生成的金属氧化物熔点应低于金属本身的熔点,以便融化后吹掉。

◆ 金属燃烧时应放出大量的热,以利于切割过程不断进行下去。

◆ 金属导热性要低,以利于预热。

碳的质量分数在 0.4% 以下的碳钢,以及碳的质量分数在 0.25% 以下的低合金钢都能很好地用氧气切割。这是因为它们的燃点(1350℃)低于熔点(1500℃),氧化铁的熔点(1370℃)低于金属本身的熔点,同时在燃烧时放出大量的热。当含碳为 0.4%～0.7% 时,切口表面容易产生裂缝,这时应将被切割的钢板预热到 250℃～300℃ 再进行气割。碳的质量分数大于 0.7% 的高碳钢,因钢板的燃点与熔点接近,切割质量难以保证。

铸铁不能气割,因铸铁熔点低于它的燃烧温度。

不锈钢含铬较多,氧化物 Cr_2O_3 的熔点高于不锈钢的熔点,因此难以切割。

有色金属如铜和铝等,因导热性好,容易氧化,氧化物的熔点都高于金属本身的熔点,因此也不能用气割。

3.埋弧自动焊

随着生产的不断发展,焊剂技术的应用日益扩大,焊接工作量大大增加,手工方式的焊接已远远不能满足要求,因此出现了一种机械化的电弧焊——埋弧焊,其中引弧、运弧

和送进焊丝等操作都是由机械来完成的,故称之为自动焊。

埋弧自动焊焊接过程如图8-18所示,它是以连续送进的焊丝作为电极和填充金属。焊接时,在焊接区的上面覆盖一层颗粒状焊剂,电弧在焊剂层下燃烧,焊机带着焊丝均匀地沿坡口移动,或者焊机机头不动,工件匀速运动。在焊丝前方,焊剂从漏斗中不断流出撒在被焊部位。焊接时,部分焊剂熔化形成熔渣覆盖在焊缝表面,大部分焊剂不熔化,可重新回收使用。

图 8-18 埋弧焊示意图

埋弧焊焊缝形成过程如图8-19所示。电弧燃烧后,工件与焊丝被熔化成较大体积(可达$20cm^3$)的熔池。由于电弧向前移动,熔池金属被电弧气体排挤向后堆积形成焊缝。电弧周围的颗粒状焊剂被熔化成熔渣,与熔池金属产生物理化学作用。部分焊剂被蒸发,生成的气体将电弧周围的熔渣排开,形成一个封闭的熔渣泡。它具有一定粘度,能承受一定压力,使熔化的金属与空气隔离,并能防止金属熔滴向外飞溅。这样,既可减少电弧热能损失,又阻止了弧光四射。此外,焊丝上没有涂料,允许提高电流密度,电弧吹力则随电流密度的增大而增大。因此,埋弧焊的熔池深度比焊条电弧焊大得多。

图 8-19 埋弧焊焊缝的形成

埋弧自动焊的特点是:

◆ 生产高 埋弧焊的焊接电流可达800～1000A,是焊条电弧焊的6～8倍,同时节省更换焊条的时间。此外,电弧受焊剂保护,热能利用率高,可采用较快的焊接速度。故其生产率是焊条电弧焊的 5~10 倍。

◆ 焊缝质量高且稳定　因熔池受到焊剂很好保护,外界空气较难侵入,且焊接规范可自动调节,故焊缝质量稳定,缺陷少。此外,其热影响区很小,焊缝外形美观。

◆ 节省金属和电能　由于埋弧焊熔池深度较大,较厚的攻坚可以不开坡口,金属的烧损和飞溅也大为减少,且无焊条头的损失,故可节省金属材料。由于电弧热能散失较少,利用率大大提高,从而也节省了电能。

◆ 改善了劳动条件　埋弧焊看不到电弧光,焊接烟雾也较少,焊接时只要焊工调整、管理焊机就可自动进行焊接,劳动条件大为改善。

但埋弧自动焊不如焊条电弧焊灵活,设备投资大,工艺装备复杂,对接头加工与装配要求严格,因此,埋弧自动焊主要适于批量生产长的直线焊缝和直径较大的圆筒形工件的纵、环焊缝。

4. 气体保护焊

气体保护焊是利用外加气体保护电弧区的熔滴和熔池及焊缝的电弧焊。即在焊接时由外界不断的向焊接区输送保护性气体,使它包围住电弧和熔池,防止有害气体侵入,以获得高质量的焊缝。

它与渣保护焊相比,具有以下特点:

◆ 明弧可见,便于焊工观察熔池进行控制。

◆ 焊缝表面无渣,这在多层焊时可节省大量层间清渣工作。

◆ 可进行空间全方位的焊接。

气体保护焊的种类很多,目前常用的主要有两种:氩弧焊和二氧化碳气体保护焊。

(1)CO_2气体保护焊

CO_2气体保护焊是以 CO_2 作为保护气体,以焊丝为电极,以自动或半自动方式进行焊接的方法。目前常用的是半自动焊,即焊丝送进靠机械自动进行并保持一定的弧长,由操作人员手持焊炬进行焊接。

CO_2气体在电弧高温下能分解,有氧化性,会烧损合金元素。因此,不能用来焊接有色金属和合金钢。焊接低碳钢和普通低合金钢时,通过含有合金元素的焊丝来脱氧和渗合金等冶金处理。现在常用的气体 CO_2 保护焊焊丝是 H08Mn2SiA,适用于低碳钢和抗拉强度在 600MPa 以下的普通低合金钢的焊接。CO_2气体保护焊焊接装置如图 8 - 20 所示。

图 8 - 20　CO_2 气体保护电弧焊示意图

　　CO_2气体保护焊除具有气体保护焊的共同特点外,还独具成本低的优点(约为焊条电弧焊和埋弧焊的 40％左右)。但存在焊缝成形不光滑美观、弧光强烈、金属飞溅较多、烟雾较大以及需采取防风措施等缺点,设备亦较复杂。主要应用于低碳钢和普通低合金结构钢的焊接。在汽车、机车、造船、起重机、化工设备、油管以及航空工业等部门都得到广泛的应用。

　　(2)氩弧焊

　　氩弧焊是指用氩气作保护气体的气体保护焊。氩气是惰性气体,在高温下不和金属起化学反应,也不溶于金属,可以保护电弧区的熔池、焊缝和电极不受空气的有害作用,是一种较理想的保护气体。氩弧焊分钨极(不熔化)氩弧焊和熔化极(金属极)氩弧焊两种,如图 8-21 所示。

a)熔化极氩弧焊　　　　　　　b)钨极氩弧焊

图 8-21　氩弧焊示意图

　　① 钨极氩弧焊电极常用钍钨极和铈钨极两种。焊接时,电极不熔化,只起导电和产生电弧作用。钨极为阴极时,发热量小,钨极烧损小。钨极作阳极时,发热量大,钨极烧损严重,电弧不稳定,焊缝易产生夹钨。因此,一般钨极氩弧焊不采用直流反接。此外,为尽量减少钨极的损耗,焊接电流不宜过大,故常用于焊接 4mm 以下的薄板。手工钨极氩弧焊的操作与气焊相似,需加填充金属,也可以在接头中附加金属条或采用卷边接头。填充金属有的可采用与母材相同的金属,有的需要加一些合金元素,进行冶金处理,以防止气孔等缺陷。

　　② 熔化极氩弧焊以连续送进的焊丝作为电极并兼作填充金属,因此,可采用较大电流,生产率较钨极氩弧焊高,适宜于焊接厚度为 25mm 以下的工件。它可分为自动熔化极氩弧焊和半自动熔化极氩弧焊两种。

　　氩弧焊除具有气体保护焊的共同优点外,还具有焊缝质最好的独特优点,而且焊缝外形光洁美观。但氩气成本高,而且只能在室内无风处应用。此外,由于氩气的游离电势高,引弧困难,故需用高频振荡器或脉冲引弧器帮助引弧,或者提高电源空载电压。因此,氩弧焊目前主要用来焊接易氧化的有色金属(铝、镁及其合金、稀有金属(钛、钼、锆、钽等及其合金)、高强度合金钢及一些特殊性能合金钢(不锈钢、耐热钢)等。

　　5.电阻焊

　　电阻焊又称接触焊。它是利用电流通过两焊件接触处所产生的电阻热作为焊接热源,将接头加热到塑性状态或熔化状态,然后迅速施加顶锻压力,以形成牢固的焊接接头。

因为焊件间的接触电阻有限,为使焊件在极短时间内达到高温,以减少散热损失,所以电阻焊采用大电流(几千到几万安)、低电压(几伏到十几伏)的大功率电源。电阻焊具有生产率高、焊件变形小、劳动条件好、不需添加填充金属,易实现机械化、自动化等优点;但设备复杂、耗电量大,对焊件厚度和截面形状有一定的限制;通常适用于大批量生产。

电阻焊按其接头型式不同,可分为点焊、缝焊和对焊三种形式,如图 8-22 所示。

　　　　a)点焊　　　　　　　　a)缝焊　　　　　　　　a)对焊

图 8-22　电阻焊的形式

(1)点焊

点焊是利用电流通过柱状电极和搭接的两焊件产生电阻热,将焊件加热并局部熔化,然后在压力作用下形成焊点,如图 8-22a 所示。

每个焊点的焊接过程是:

当工件上有多个焊点时,焊点与焊点间应有一定的距离(如 0.5mm 厚碳钢薄板工件,焊点间距为 10mm)。以防止"分流现象"。分流将使第二个焊点的焊接电流减小而影响焊接质量

点焊主要用于焊接厚度为 4mm 以下的薄板、冲压结构件及线材等,每次焊一个点或多个点。目前,点焊已广泛用于制造汽车、车厢、飞机等薄壁结构以及罩壳和轻工、生活用品等。

(2)缝焊

缝焊又称滚焊(图 8-22b),其焊接过程与点焊相似,只是用旋转的圆盘状滚状电极代替了柱状电极。焊接时,盘状电极压紧焊件并转动(也带动焊件向前移动),配合断续通电,即形成连续重叠的焊点。

缝焊时,焊点相互重叠 50% 以上,密封性好。主要用于制造要求密封性的薄壁结构。如汽车油箱、小型容器与管道等。但因缝焊过程分流现象严重,焊接相同厚度的工件时,焊接电流约为点焊的 1.5～2 倍。因此要使用大功率焊机,用精确的电气设备控制间断通电的时间。缝焊只适用于厚度 3mm 以下的薄板结构。

(3)对焊

对焊是利用电阻热使两个工件在整个接触面上焊接起来的一种方法,如图 8-22c 所

示。根据焊接工艺不同,对焊可分为电阻对焊和闪光对焊两种。

① 电阻对焊

电阻对焊的焊接过程为:

电阻对焊操作简单,接头比较光滑。但焊前应认真加工和清理端面,否则易造成加热不匀,连接不牢的现象。此外,高温端面易发生氧化,质量不易保证。电阻对焊一般只用于焊接截面形状简单、直径(或边长)小于 20mm 和强度要求不高的工件。

② 闪光对焊

闪光对焊的过程为:

闪光对焊接头中夹渣少,质量好,强度高。缺点是金属损耗较大,闪光火花易玷污其他设备与环境,接头处焊后有毛刺需要加工清理。

闪光对焊常用于对重要工件的焊接。可焊相同金属件,也可焊接一些异种金属(铝—铜、铝—钢等)。被焊工件直径可小到 0.01mm 的金属丝,也可以是端面大到 20000mm^2 的金属棒和金属型材。

(4)钎焊

钎焊的能源可以是化学反应热,也可以是间接热能。它是利用熔点比被焊材料熔点低的金属作钎料,经过加热钎料熔化,靠毛细管作用将钎料吸入到接头接触面的间隙内、润湿被焊金属表面,使液相与固相之间相互扩散而形成钎焊接头。因此,钎焊是一种固相兼液相的焊接方法。

根据钎料熔点不同,钎焊可分为硬钎焊和软钎焊两种。

① 硬钎焊:钎料熔点在 450℃以上,接头强度在 200MPa 以上。主要用于受力较大的钢铁和铜合金构件的焊接(如自行车架、带锯锯条等)以及工具、刀具的焊接。

② 软钎焊:钎料熔点在 450℃以上,接头强度较低,一般在 70MPa。主要用于焊接受力不大、工作温度较低的工件。

与一般熔化焊相比,钎焊的特点是:

◆ 工件加热温度较低,组织和力学性能变化很小,变形也小。接头光滑平整,工件尺寸精确。

◆ 可焊接性能差异很大的异种金属,对工件厚度的差别也没有严格限制。

◆ 工件整体加热钎焊时,可同时钎焊多条(甚至上千条)接缝组成的复杂形状构件,生产率很高。

◆ 设备简单,投资费用少。

但钎焊的接头强度较低,尤其是动载强度低,允许的工作温度不高,焊前清整要求严格,而且钎料价格较贵。

因此,钎焊不适合于一般钢结构件和重载、动载零件的焊接。钎焊主要用于制造精密仪表、电气部件、异种金属构件以及某些复杂薄壁结构，如夹层结构、蜂窝结构等。也常用于钎焊各类导线与硬质合金刀具。

8.2.5 拓展训练

1. 将手工电弧焊、气焊、气割结合起来加工工件。
2. 练习各种焊接方法。

项目九　铸造加工

实训目的与要求

(1)了解铸造生产的工艺过程、特点及应用。

(2)了解砂型的结构,了解零件、铸件、模样的关系。

(3)熟悉各种手工造型方法,并进行独立操作。了解机器造型方法。

(4)能识别铸造工艺图并了解其制订原则。

(5)了解合金的熔炼、浇注及清理。

(6)了解常用特种铸造方法的特点及应用。

(7)了解铸件缺陷产生原因及其控制方法。

安全操作规程

(1)实习操作前,个人防护用具要穿戴整齐,开炉浇注时严禁穿化纤服装。

(2)使用的砂箱应完好,禁止使用已有裂纹的砂箱,尤其是箱把、吊轴等处有裂纹的砂箱。

(3)混砂机在转动时,不得用手扒料和清理碾轮,不准伸手到机盆内添加粘结剂等附加物。

(4)合箱后要堵严箱缝,以免在浇注过程中炮火伤人。

(5)铸型要安放在指定的场地,不得占用走道,以免影响别人安全操作。浇注场地要干燥、平整。

(6)禁止使用过湿的型砂或在很湿的地方造型,以防止浇注时被烫伤及产生废品。

(7)使用工作灯的电压必须是 36V 以下,禁止使用 110V～220V 电压灯工作。

(8)化铁加料时要防止把爆炸物品和其他有害杂质加入炉内。

(9)化铁时需接触铁水的工具及往铁水中加入铁合金的用具需烘烤预热,否则不准使用。

(10)化铁炉前的工作场地及炉坑内不得有积水,以防止铁水飞溅时烫伤。

(11)浇包在使用前必须烘干。浇包内金属液不能超过内壁高度的 7/8,以防高温液体溢出。

(12)挡渣和扒渣等金属工具不得生锈或沾有水分,以防与液态金属接触时爆炸。

(13)浇注过程中不要用眼正视冒口,以防炮火时金属液喷射伤人。

(14)运输液体金属时要平稳。吊运浇包的工具、钢丝要认真检查。

(15)在现场参观时听到天车铃响要注意躲避,禁止走到已被悬吊在空中的砂箱下面,当砂箱已吊在车钩上时,禁止站在砂箱上进行操作。

任务一　砂型铸造

9.1.1　任务书

型砂铸造。

9.1.2　知道点和技能点

知识点:
(1)型砂点组成及种类;
(2)型砂点制备;
(3)造型的种类。
技能点:
砂型铸造的方法。

9.1.3　任务说明

铸造方法繁多,主要可分为砂型铸造和特种铸造两大类,其中砂型铸造是最基本的铸造方法,它适用于各种形状、大小、批量及各种合金铸件的生产。

9.1.4　任务实施

铸造是将液态合金浇注到具有与零件形状相适应的铸型空腔中,待其冷却凝固后,获得零件或毛坯的方法。

铸造是历史最为悠久的金属成形方法,在现代各种类型的机器设备中铸件所占的比重很大,如在机床、内燃机中,铸件占机器总重的 $70\%\sim80\%$,农业机械占 $40\%\sim70\%$,拖拉机占 $50\%\sim70\%$。铸造所以获得如此广泛的应用,是由于它具有以下优点:适应性广和成本低点优点。然而,铸造生产工序繁多,且一些工艺过程难以精确控制,这就使铸件质量不稳定,造成废品率高;由于铸造组织粗大,内部常有缩孔、缩松、气孔、砂眼等缺陷,因而和同样形状尺寸的锻件相比,其机械性能不如锻件高;此外,在铸造生产中,特别是单件小批生产,工人的劳动条件较差、劳动强度大,这些都使铸造的应用受到限制。

1. **砂型铸造**

用型(芯)砂制造铸型(型芯),将液态金属浇入后获得铸件的铸造方法称为砂型铸造。图9-1是套筒铸件的铸造生产过程。

图9-1 套筒铸件的铸造生产过程

(1)型(芯)砂应具备的性能

铸型在浇注凝固过程中要承受液体金属的冲刷、静压力和高温的作用,要排出大量气体,型芯还要受到铸件凝固时的收缩压力等,因而对型砂和芯砂的性能要求如下:

◆ 可塑性 造型材料在外力作用下容易获得清晰的型腔轮廓,外力去除后仍能保持其形状的性能称为可塑性。砂子本身是几乎没有塑性的,粘土却有良好的塑性,所以型砂中粘土的含量越多,塑性越高;一般含水8%时塑性较好。

◆ 强度 砂型承受外力作用而不易破坏的性能称为强度。它包括常温湿强度、干强度以及高温强度。铸型必须具有足够的强度,以便在修整、搬运及液体金属浇注时受冲力和压力作用而不致变形毁坏。型砂强度不足会造成塌箱、冲砂和砂眼等缺陷。

◆ 耐火度 型砂经受高温热作用的能力称为耐火度。耐火度主要取决于砂中SiO_2的含量,SiO_2含量越多,型砂耐火度越高。对铸铁件,砂中SiO_2含量不小于90%就能满足要求。

◆ 透气性 型砂由于内部砂粒之间存在空隙能够通过气体的能力称为透气性。透气性过差,铸件中易产生气孔缺陷。但透气性太高会使砂型疏松,铸件易出现表面粗糙和机械粘砂等缺陷。透气性用专门仪器测定,以在单位压力下,单位时间内通过单位面积和单位长度型砂试样的空气量来表示。一般要求透气性值为30~100。

◆ 退让性 铸件凝固后,冷却收缩时砂型和型芯的体积可以被压缩的性能称为退让性。退让性差,阻碍金属收缩,使铸件产生内应力,甚至造成裂纹等缺陷。为了提高退让性,可在型砂中加入附加物,如草灰和木屑等,使砂粒间的空隙增加。

(2)型砂的组成

型砂是由原砂、粘结剂、水和附加物等组成。型砂的结构如图9-2所示。

◆ 原砂 原砂即新砂,采自山地、海滨或河滨,最常使用的是硅砂。其二氧化硅含量在80%~98%,硅砂粒度大小及均匀性、表面状态、颗粒形状等对铸造性能有很

图9-2 型砂结构示意图

大影响。

◆ 粘结剂　一般为黏土和膨润土两种,有时也用水玻璃、植物油、合成树脂、水泥等。在型砂中加入粘结剂,目的是使型砂具有一定的强度和可塑性。膨润土质点比普通黏土更为细小,粘结性更好。

◆ 附加物　煤粉和锯木屑是最常用的廉价附加材料。加入煤粉是为了防止铸件表面粘砂,因煤粉在浇注时能燃烧发生还原的气体,形成薄膜将金属与铸型隔开。加入锯木屑可改善型砂的退让性。

判断型砂的干湿程度有以下几种方法:

◆ 水分　水分指定量的型砂试样在105℃～110℃下烘干至恒重,能去除的水分含量(%)。但是当型砂中含有大量吸水的粉尘类材料时,虽然水分很高,型砂仍然显得既干又脆。因为达到最适宜干湿程度的水分随型砂的组成不同而不同,故这种方法不很准确。

◆ 手感　用手攥一把型砂,感到潮湿但不沾手,柔软易变形,印在砂团上的手指痕迹清楚,砂团掰断时断面不粉碎,说明型砂的干湿程度适宜、性能合格,如图9-3所示。这种方法简单易行,但需凭个人经验,因人而异,也不准确。

型砂干湿度适当时　　　手放开后看出　　　　　　折断时断面没有碎裂状,
可用手攒成砂团　　　　清晰的手纹　　　　　　有表明足够的强度

图9-3　手感法检验型砂

◆ 紧实率　紧实率是指一定体积的松散型砂试样紧实前后的体积变化率,以试样紧实后减小的体积与原体积的百分比表示。过干的型砂自由流入试样筒时,砂粒堆积得较密实,紧实后体积变化较小,则紧实率小。这种型砂虽流动性好,但韧性差,起模时易掉砂,铸件易出现砂眼、冲砂等缺陷。过湿的型砂易结成小团,自由堆积时较疏松,紧实后体积减小较多,则紧实率大。这种型砂湿强度和透气性很差,砂型硬度不均匀,铸件易产生气孔、胀砂、夹砂结疤和表面粗糙等缺陷。紧实率是能较科学地表示湿型砂的水分和干湿程度的方法。对手工造型和一般机器造型的型砂,要求紧实率保持在45%～50%,对高密度型砂则要求为35%～40%。

(3)型砂的种类

按粘结剂的不同,型砂可分为下列几种:

◆ 粘土砂　粘土砂是以粘土(包括膨润土和普通粘土)为粘结剂的型砂。其用量约占整个铸造用砂量的70%～80%。其中湿型砂使用最为广泛,因为湿型铸造不用烘干,可节省烘干设备和燃料,降低成本;工序简单,生产率高;便于组织流水生产,实现铸造机械化和自动化。但湿型强度不高,不能用于大铸件生产。为节约原材料,合理使用型砂,往往把湿型砂分成面砂和背砂。与模样接触的那一层型砂,称为面砂,其强度、透气性等要求较高,需专门配制。远离模样在砂箱中起填充加固作用的型砂称为背砂,一般使用旧砂。在机械化造型生产中,为提高生产率,简化操作,往往不分面砂和背砂,而用单一砂。铸铁件常用湿型砂的配比和性能见表 9-1。

表 9-1 铸铁件常用湿型砂的配比和性能

型砂种类	型砂成分/%(质量)				型砂性能			
	新砂	旧砂	膨润土	煤粉	水分/%(质量)	紧实率/%	透气性	湿压强度(×10⁴Pa)
手工造型面砂	40~50	50~60	4~5	4~5	4.5~5.5	45~55	0~50	7~10
机器造型单一砂	10~20	80~90	1.0~1.5	2~3	4~5	40~50	0~80	8~12

◆ 水玻璃砂 水玻璃砂是由水玻璃(硅酸钠的水溶液)为粘结剂配制而成的型砂。水玻璃加入量为砂子质量的 6%~8%。水玻璃砂型浇注前需进行硬化,以提高强度。硬化的方法有通 CO_2 气化学硬化、表面加热烘干及型砂中加入硬化剂起模后砂型自行硬化等。由于取消或大大缩短了烘干工序,水玻璃砂的出现使大件造型工艺大为简化。但水玻璃砂的溃散性差,落砂、清砂及旧砂回用都很困难。在浇注铸铁件时粘砂严重,故不适于做铸铁件,主要应用在铸钢件生产中。

◆ 树脂砂 树脂砂是以合成树脂(酚醛树脂和呋喃树脂)为粘结剂的型砂。树脂加入量为砂子质量的 3%~6%,另加入少量硬化剂溶液,其余为新砂。树脂砂加热后 1~2min 可快速硬化,且干强度很高,做出的铸件尺寸准确、表面光洁、溃散性极好,落砂时轻轻敲打铸件,型砂就会自动溃散落下。由于有快干自硬特点,使造型过程易于实现机械化和自动化。树脂砂是一种有发展前途的新型造型材料,主要用于制造复杂的砂芯极大铸件造型。

(4)型(芯)砂的制备

型砂的制备工艺对型砂获得良好的性能有很大影响。浇注时,砂型表面受高温铁水的作用,砂粒碎化、煤粉燃烧分解,型砂中灰分增多,部分粘土丧失粘结力,均使型砂的性能变坏。所以,落砂后的旧砂一般不直接用于造型,需掺入新材料经过混制,恢复型砂的良好性能后才能使用。旧砂混制前需经磁选及过筛材料,经过以去除铁块及砂团。型砂的混制是在混砂机中进行的,如图 9-4 所示。在碾轮的碾压及搓揉作用下,各种原材料混合均匀并使粘土膜均匀包敷在砂粒表面。

型砂的混制过程是:先加入新砂、旧砂、膨润土和煤粉等干混 2~3min,再加水湿混 5~7min,性能符合要求后从出砂口卸砂。混好的型砂应堆放 4~5h,使水分均匀(调匀)。使用前还要用筛砂机或松砂机进行松砂,以打碎砂团和提高型砂性能,使之松散好用。

2. 造型

用型砂及模样等工艺装备制造铸型的过程称为造型。这种铸型又称砂型,其结构如图 9-5 所示。造型方

图 9-4 碾轮式混砂机

法可分为手工造型和机器造型两大类。

　　造型是砂型铸造最基本的工序,造型方法的选择是否合理,对铸件质量和成本有着重要的影响。由于手工造型和机器造型对铸造工艺的要求有着明显的不同,在许多情况下,造型方法的选定是制订铸造工艺的前提,因此必须先研究造型方法的选择。

图9-5　铸型装配图

　　(1)手工造型

　　手工造型时,填砂、紧砂和起模等都是用手工来进行的。其操作灵活,适应性强,模样成本低,生产准备周期短,但铸件质量差,生产率低,且劳动强度大,因此,主要用于单件小批生产。

　　◆ 整模造型　整模造型过程如图9-6所示。整模造型的特点是:模样是整体结构,最大截面在模样一端为平面,分型面多为平面,操作简单。整模造型适用于形状简单的铸件,如盘、盖类。

图9-6　整模造型过程

　　◆ 分模造型　分模造型的特点是:模样是分开的,模样的分开面(称为分型面)必须是模样的最大截面,以利于起模。分模造型过程与整模造型基本相似,不同的是造上型时增加放上半模样和取上半模样两个操作。套筒的分模造型过程如图9-7所示。分模造型适用于形状较复杂的铸件,如套筒、管子和阀体等。分模造型的应用很广泛。

　　◆ 活块模造型　模样上可拆卸或能活动的部分叫活块。当模样上有妨碍起模的侧面伸出部分(如小凸台)时,常将该部分做成活块。起模时,先将模样主体取出,再将留在铸型内的活块单独取出,这种方法称为活块模造型。用钉子连接的活块模造型时(如图9

－8 所示）应注意先将活块四周的型砂塞紧，然后拔出钉子。

活块模造型的特点是：模样主体可以是整体的，也可以是分开的；对工人的操作技术水平要求较高，操作较麻烦；生产率较低。活块模造型适用于有无法直接起模的凸台、肋条等结构的铸件。

图 9－7　带法兰的套筒分模造型过程

图 9－8　活块造型

◆　挖砂造型　有些铸件的分型面是一个曲面，起模时，覆盖在模样上面的型砂阻碍模样的起出，必须将覆盖其上的砂挖去才能正常起模，这种方法称为挖砂造型。手轮的

挖砂　如图9-9所示,为便于起模,下型分型面需要挖到模样最大截面处造型过程(如图9-9A-A处),分型面坡度尽量小并应修抹得平整光滑。

零件图

a) 造下型

b) 翻下型,挖修分型面

c) 造上型、敞箱、起模

d) 合型

e) 带浇口的铸件

图9-9　手轮的挖砂造型

挖砂造型的生产率低,对操作人员的技术水平要求较高,它只适用于单件小批生产的小型铸件。当铸件的生产数量较多时,可采用假箱造型代替挖砂造型。假箱造型是用预制的成形底板或假箱来代替挖砂造型中所挖去的型砂,如图9-10所示。

a) 假箱

b) 成型底板

c) 合型圈

图9-10　手轮的假箱造型

◆ 多箱造型　有些形状结构复杂的铸件,当模样两端外形轮廓尺寸大于中间部分的尺寸时,为了起模方便,需设置多个分型面;对于高度较大的铸件,为了便于紧实型砂、修型、开浇口和组装铸型,也需设置多个分型面,这种需用两个以上砂箱进行造型的方法称为多箱造型,带轮的三箱造型过程如图9-11所示。

多箱造型由于分型面多,操作较复杂,劳动强度大,生产率低,铸件尺寸精度不高,所以只适用于单件小批生产。当生产批量较大或采用机器造型时,应设置外型芯采用分模两箱造型。

◆ 刮板造型　一些尺寸较大的旋转体铸件,还可用一块和铸件截面或轮廓形状相适应的刮板代替模样,用以刮制出规则的砂型型腔,这种方法称为刮板造型。大带轮的刮板造型如图9-12所示。

刮板造型模样简单,节省制模材料及制模工时,但造型操作复杂,生产效率很低,仅用于大、中型旋转体铸件的单件生产。

铸件图　　　　　　模样　　　　　　a）造中型

上芯头
中箱模样
下芯头　　下箱模样

b）造下型　　　　　　c）翻下、中型，造上型

上型
中型
下型

d）依次敞箱，起模　　　　e）下芯、合型

图 9-11　三箱造型过程

铸件图　　　刮板　　　芯头模样　　a）刮制下型

上芯头
下芯头
刮板支架
砂床
木桩

b）刮制上型　　　　　c）下芯、合型

钉子

图 9-12　带轮的刮板造型过型

◆ 地坑造型　大型铸件单件生产时,为节省下砂箱,降低铸型高度,便于浇注操作,多采用地坑造型。在地平面以下的砂床中或特制的砂床中制造下型的造型方法称为地坑造型,如图9-13所示。

造型时,先在挖好的地坑内填入型砂,制好砂床;再用锤敲打模样使之卧入砂床内,继续填砂并春实模样周围型砂,刮平分型面后进行造上型等后续工序的操作。

(2)机器造型

随着现代化大生产的发展,机器造型已代替了大部分的手工造型,机器造型不但生产率高,而且质量稳定,劳动强度低,是成批大量生产铸件的主要方法。机器造型的实质是用机器进行紧砂和起模,根据紧砂和起模的方式不同,机器造型可分为震压式造型、多触头高压造型、射压造型、空气气冲造型和抛砂造型等。下面仅介绍目前我国中、小工厂常用的震压式造型机和抛砂造型机。

图9-13　地坑造型和型图

① 紧砂方法

◆ 震压式造型机　震压式造型机结构如图9-14所示。压缩空气使震击活塞多次震击,将砂箱下部的型砂紧实。再用压实气缸将上部的型砂压实。

震压式造型机结构简单,动作可靠,震压力大;但工作时噪声、震动大,劳动条件差。经震实后的砂箱内,其各处及上下部的紧实程度都不够均匀。如图9-15所示的气动微震式造型机,工作时的震动、噪声小,且用多触头压实,效果良好。液压连通器使每个触头上所产生的压力是相同的,保证紧砂均匀。气动微震式造型机主要用于成批、大量生产中、小型铸件。

图9-14　振压实造型机　　　图9-15　气动微振式造型机

◆ 抛砂紧实　抛砂紧实是将型砂高速抛入砂箱中而同时完成填砂和紧实的造型方法。如图9-16所示,转子高速旋转(约1000r/min),叶片以30~50m/s的速度将型砂抛向砂箱。随着抛砂头在砂箱上方的移动,使整个砂箱填满并紧实。由于抛砂机抛出的砂团速度相同,所以砂箱各处的紧实程度都很均匀。此外,抛砂造型不受砂箱大小的限制,故它适用于生产大、中型铸件。

② 起模方法

常用的起模方法有以下几种:

◆ **顶箱起模** 如图 9 - 17a 所示,当砂箱中型砂紧实后,顶箱机构顶起砂箱,使模板与砂箱分离而完成起模。此法结构简单,但起模时型砂易被模样带着往下掉,所以仅适用于形状简单、高度不大的铸型。

◆ **漏模起模** 如图 9 - 17b 所示,模样分成两个部分,模样上平浅的部分固定在模板上,凸出部分可向下抽出,此时砂型由模板托住而不会掉砂,随后再落下模板。这种方法适用于有肋条或较高凸起部分、起模较困难的铸型。

◆ **翻箱起模** 如图 9 - 17c 所示,将砂箱由造型位置翻转 180°,然后是模板与砂箱脱离(用顶箱或漏模均可)。这种方法适用于型腔较深、形状较复杂的铸型。

图 9 - 16 抛砂造型机

③ 造型生产线

大批量生产时,为充分发挥造型机的生产率,一般采用各种铸型输送装置,将造型机和铸造工艺过程中各种辅助设备(如翻箱机、落箱机、合箱机和捅箱机等)连接起来,组成机械化或自动化的造型系统,称为造型生产线,如图 9 - 18 所示。

a)顶箱起模   b)漏模起模   c)翻箱起模

图 9 - 17 起模方法

图 9 - 18 造型生产线示意图

3. 造芯

型芯主要是用来形成铸件的内腔,有时也用来形成形状复杂的外形。

(1)芯砂

浇注时,由于型芯的表面被高温金属液所包围,收到的冲刷及烘烤要比砂型厉害,因此要求型芯具有更高的强度、透气性、耐火性和退让性等,以确保铸件质量。

芯砂种类主要有粘土砂、水玻璃砂和树脂砂等。粘土砂芯因强度低、需加热烘干,应用日益减少;水玻璃砂主要用在铸钢件砂芯中;树脂砂有快干自硬特性、强度高、溃散性好,所以应用日益广泛,特别适用于大批量生产的复杂砂芯。少数中小砂芯还用合成树脂砂。为保证足够的强度、透气性,芯砂中粘土、新砂加入量要比型砂高,或全部用新砂。

(2)制芯工艺

由于芯型在铸件铸造过程中所处的工作条件比砂型更恶劣,因此制芯型时,除选择合适的材料外,还必须采取以下工艺措施:

◆ 放芯骨 在砂芯中放置芯骨,以提高其强度和刚度。小砂芯的芯骨可用铁丝制作,中、大型砂芯要用铸铁芯骨,为了吊运砂芯方便,往往在芯骨上做出吊环,如图 9 - 19 所示。

a)铁丝芯骨和勇气道　　　b)铸铁芯骨　　　b)带吊环的芯骨和通气道

图 9 - 19　芯骨和通气道

◆ 开通气道　砂芯在高温金属液的作用下会产生大量气体。若砂芯透气性不好,则可能在铸件中产生气孔。为此,可在砂芯中用通气针扎出气孔,或在砂芯中埋蜡线、填焦炭等,如图 9 - 19 所示。

◆ 刷涂料　刷涂料的作用在于降低铸件表面的粗糙度值,减少铸件黏砂、夹砂等缺陷。一般中、小铸钢件和部分铸铁件可用硅粉涂料,大型铸钢件用刚玉粉涂料,石墨粉涂料常用于铸铁件生产。

◆ 烘干　砂芯烘干后可以提高强度和增加透气性。烘干时采用低温进炉、合理控温、缓慢冷却的烘干工艺。烘干温度黏土砂芯为 250℃～350℃,油砂芯为 200℃～220℃,合成树脂砂芯为 200℃～240℃,烘干时间在 1h～3h。

(3)制芯方法

造芯的方法也有手工造芯和机器造芯两种。手工造芯大多数都是在芯盒中制造的,如图 9 - 20 所示。

成批、大量生产时广泛采用机器造芯。机器造芯除可用前述的振击、压实的紧砂方法外,最常用的是吹芯机或射砂机。图 9 - 21 为射芯机的工作原理图。工作时,闸板打开,定量芯砂从砂斗中进入射砂筒。射砂阀打开,在储气包中的压缩空气经射腔进入射砂筒,进行射砂制芯。余气从射砂板上的排气孔排出。

清刷内表面　检查销钉配合
a) 检查芯盒是否配对

芯砂
a) 夹紧两半芯盒, 分次加入芯砂, 分层捣紧

芯骨
a) 插入刷有泥浆水的芯骨, 其位置要适中

芯骨

通气针
d) 继续填砂捣紧、刮平, 用通气针扎出通气孔

d) 松开夹子, 轻敲芯盒, 使砂芯从芯盒内壁松开

上涂料
f) 取出砂芯, 上涂料

图 9-20　造芯方法

射砂筒
射腔

砂斗
闸板

射砂阀
储气包
射砂头

射砂孔
排气孔

射砂板
芯盒
工作台

图 9-21　射芯机的工作原理

4. 铸造工艺图绘制

铸造工艺图是根据零件图的要求, 在分析铸件铸造工艺性的基础上, 将确定的工艺方案、工艺参数及浇冒口系统等, 用规定的工艺符号、文字, 用不同的颜色标注在零件图上而成的图样。图上主要包括铸件的浇注位置、分型面、型芯机芯头、工艺参数、浇注系统和冒口、冷铁等。

(1) 浇注位置的选择

浇注位置是指浇注时铸件在铸型内的位置。它的选择既要符合铸件的凝固规律, 保证充型良好, 又要简化造型和浇注工艺。具体选择原则如下:

◆ 铸件上的重要加工面应朝下或呈侧立面　因为铸件的上表面容易产生夹渣、气孔等缺陷, 组织也不如下表面致密。若不能朝下, 则应尽量使其呈侧立面。当铸件上有数个重要加工面时, 应将较大的面朝下, 其他面可采用增大加工余量等措施来保证其质量。

如图9-22所示为机床床身的浇注位置方案。由于床身导轨面是关键部分,不允许有铸造缺陷,并且要求组织致密和均匀,因此,床身的浇注位置一般是将导轨面朝下。而卷扬筒的圆周表面要求高,则应使之垂直浇注,如图9-23所示。

a)车床床身的浇注位置　　　　　b)卷扬筒的浇注位置

图9-22　浇注位置　　　　　图9-23　卷扬筒的浇注位置

◆ 铸件上的大平面应朝下　铸件的大平面若朝上,则容易产生夹砂等缺陷,这是由于在浇注过程中金属液对型腔上表面有强烈的热辐射,型砂因急剧热膨胀和强度下降而拱起或开裂,于是铸件表面形成夹砂缺陷。因此,平板、圆盘类铸件上的大平面应朝下。

◆ 铸件上的大面积的薄壁部分应置于铸型的下部或使其处于垂直或倾斜位置,以防止其产生浇不足或冷隔等缺陷。

◆ 对于容易产生缩孔的铸件,应使厚大部分置于上部或侧面,以便能直接安置冒口,使之自下而上进行顺序凝固,如图9-23所示卷扬筒铸件,厚部放在上部是合理的。

② 分型面的选择

分型面是两半铸型的分界面。铸型分型面的选择正确与否是铸造工艺和理性的关键之一。如果选择不当,不仅影响铸件质量,而且还会使制模、造型、造芯、合箱或清理等工序复杂化,甚至还会加大切削加工的工作量。因此,分型面的选择,应在保证铸件质量的前提下,尽量简化工艺过程,以节省人力物力。根据生产实际经验,分型面的选择原则如下:

◆ 尽量使分型面平直且数量少

如图9-24所示为一起重臂铸件,图中所示分型面为合理的分型面,便于采用简便的分模造型;若采用俯视图的弯曲面粉分型面,则需采用挖砂或假箱造型。

如图9-25所示为一三通管铸件,其内腔必须采用一个T字型芯来形成,但不同的分型方案,其分型面数量不同。显然,图d的方案分型最合理,造型工艺简便。

图9-24　起重臂的分型面　　　　图9-25　三通管铸件的分型方案

◆ 尽量避免采用活块或挖砂造型

如图 9－26 所示为支架的分型方案。按图中方案Ⅰ，凸台必须采用四个活块方可制出，而下部两个活块的部位较深，取出困难。当改为方案Ⅱ，可省去活块，仅在 A 处稍加挖砂即可。

图 9－26　支架的分型方案　　　　图 9－27　底座的分型方案

◆ 应使型芯的数量少

如图 9－27 所示为一底座铸件。若按方案Ⅰ采用分模造型，其上下内腔均需采用型芯，而改为方案Ⅱ后，可采用整模造型，上下内腔可自带型芯。

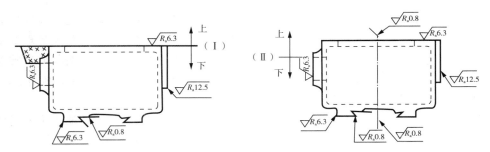

图 9－28　床身铸件

◆ 应使铸件全部或大部分位于同一砂箱，以防止产生错箱缺陷，如图 2.27 所示；且最好位于下箱，以便下芯、合箱及检验铸件壁厚等。

上述关于确定浇注位置和分型面的原则，对于具体铸件来说多难以满足，有时甚至互相矛盾。因此，必须抓住主要矛盾、全面考虑，至于次要矛盾，则应从工艺措施上设法解决。

③ 工艺参数的确定

铸件的工艺设计，除了根据铸件的特点和具体的生产条件正确选择铸造方法和确定铸造工艺方案外，还应正确选择以下工艺参数：

◆ 机械加工余量

在铸件上为切削加工的方便而加大的尺寸称为机械加工余量。加工余量的大小应适当,余量过大,费加工工时,且浪费金属材料;余量过小,制品会因残留黑皮而报废,或因铸件表面过硬而加速刀具磨损。机械加工余量的具体数据取决于铸件的生产批量、合金种类、铸件大小、加工面与基准面的距离及加工面在浇注时的位置等。

铸件上的孔、槽是否铸出,不仅取决于工艺上的可能性,还必须考虑其必要性。一般来说,较大的孔、槽应当铸出,以减少切削加工工时、节省金属材料,同时也可减小铸件上的热节。但铸件上的小孔、槽则不必铸出,因为机械加工的直接钻孔反而更经济。灰铸铁件的最小铸孔(毛坯孔径)推荐如下:单件生产 30~50mm,成批生产 15~20mm,大量生产 12~15mm。对于零件图上不要求加工的孔、槽,无论大小均应铸出。

◆ 起模(拔模)斜度

为了在造型和造芯时便于从铸型中起模或从芯盒中取芯,在模型或芯盒的起模方向上应具有一定的斜度,此斜度称为起模斜度。

起模斜度的大小取决于垂直壁的高度、造型方法、模型材料及表面粗糙度等。垂直壁愈高,其斜度愈小;机器造型铸件的斜度比手工造型时小;木模要比金属模的斜度大。通常起模斜度在 $15'$~$3°$ 之间。

◆ 铸造收缩率

铸件在冷却、凝固过程中要产生收缩,为了保证铸件的有效尺寸,模样和芯盒上的相关尺寸应比铸件放大一个收缩量。

铸造收缩率的大小随合金的种类及铸件的尺寸、结构、形状而不同,通常灰铸铁为 0.7%~1.0%,铸钢为 1.5%~2.0%,有色金属为 1.0%~1.5%。

◆ 型芯头

芯头的作用是为了保证型芯在铸型中的定位、固定以及通气。

型芯头的形状与尺寸对于型芯在铸型中装配的工艺性与稳固性有很大的影响。型芯头按其在铸型中的位置分垂直芯头和水平芯头两类,如图 9-29 所示。垂直芯头的高度主要取决于性芯头的直径。垂直的芯头上下应有一定的斜度。处于下箱的芯头,其斜度应小些,高度大些,以便增加型芯的稳固性;上箱的芯头斜度应大些,高度小些,以易于合箱。水平芯头的长度主要取决于芯头的直径和型芯的长度,并随型芯头的直径和型芯的长度增加而加大。

a)垂直芯头　　　　b)水平芯头

图 9-29　型芯头的构造

型芯头与铸型的型芯座之间应有 1~4mm 的间隙,以便与铸型的装配。

◆ 铸造圆角

在设计和制造模型时,在相交壁的交角要做成圆弧过渡,称为铸造圆角。其目的是为了防止铸件交角处产生缩孔及由于应力集中而产生裂纹,以及防止在交角处产生粘砂等缺陷。

④ 冒口和冷铁

金属液浇入铸型后,在冷却凝固过程中,要产生体收缩,这种收缩可能导致铸件在最后凝固的部位产生缩孔或缩松。体收缩大的铸造合金,如铸钢、球墨铸铁、可锻铸铁及某些有色合金铸件,常因缩孔或缩松影响铸件的致密性,减少铸件的有效断面积,使力学性能大大降低,甚至是铸件报废。防止在铸件上产生缩孔和缩松的工艺措施是合理地设置冒口和冷铁。

冒口是对于铸件凝固收缩进行补给,非铸件本体的附加部分。它具有补缩、排气和集渣等作用。冒口具备补缩能力的基本条件是:

◆ 冒口的大小和形状应使冒口金属液最后凝固,并形成由铸件到冒口的定向凝固。

◆ 冒口应在保证供给足量液体金属的条件下,尽量减少金属的消耗量。

冷铁是用来控制铸件凝固最常用的一种激冷物。各种铸造合金均可使用,尤以铸钢件应有最多。冷铁的作用是:

◆ 与冒口配合使用,能加强铸件的定向凝固、扩大冒口的有效补缩距离,提高金属液的利用率,防止铸件产生缩孔或缩松。

◆ 加快铸件局部的冷却速度,使整个铸件倾向于同时凝固,以防止铸件产生变形和裂纹。

◆ 加快铸件某些特殊部位的冷却,以达到细化组织,提高铸件表面硬度和耐磨性的目的。

冷铁分为外冷铁和内冷铁两种。外冷铁使用时作为铸型的一个组成部分,可重复使用。内冷铁使用时为铸件的一部分。

9.1.5 拓展训练

制作如图 9 - 30 所示扳手点铸件,材料:HT200,收缩率为 0.9%。

图 9 - 30 扳手

任务二　特种铸造

9.2.1　任务书

了解特种铸造。

9.2.2　知识点和技能点

知识点：
(1)熔模铸造的特点；
(2)金属型铸造的特点；
(3)压力铸造；
(4)离心铸造。
技能点：
(1)特种铸造的操作。

9.2.3　任务说明

砂型铸造因其适应性广、成本低而得到广泛的应用，但也存在铸件的尺寸精度低、表面粗糙、铸造缺陷多、砂型只能使用一次、工艺过程繁琐、生产率低等缺点，是砂型铸造不能满足现代工业不断发展的需求，因此形成了有别砂型铸造的其他铸造方法称为之特种铸造。目前，金属型铸造、熔模铸造、压力铸造和离心铸造等多种铸造方法已在生产中得到广泛的应用。

9.2.4　任务实施

1. 熔模铸造

熔模铸造是指用易熔材料制成模样，然后再模样上涂挂耐火材料，经硬化后，再将模样熔化以获得无分型面的铸型。由于模样广泛采用蜡质材料来制造，故又常将熔模铸造称为"失蜡铸造"。图 9 - 31 为熔模铸造工艺过程示意图。

熔模铸造的特点是：

(1)铸件具有较高的尺寸精度和较低的表面粗糙度，如铸钢件尺寸精度为 IT11～IT14，表面粗糙度 Ra 值为 1.6～6.3 μm。

(2)由于其特殊的起模方式，可适于制造形状复杂或特殊、难用其他方法铸造的零件。

a）母模　　b）母模　　c）制造蜡模　　d）单个蜡模　　e）蜡模组

f）型壳制造　　　　g）熔化蜡模　　　　h）浇注

图 9 - 31　熔模铸造的工艺流程

（3）适于各种铸造合金，特别是小型铸钢件。

（4）设备简单，生产批量不受限制。

（5）工艺过程较复杂，生产周期长，铸件重量不能太大（<25kg）。

因此，熔模铸造多用于制造各种复杂形状的小零件，特别适用于高熔点金属或难切削加工的铸件，如气轮机叶片、刀具等。

2. 金属型铸造

金属型铸造是指将液态金属浇入到金属制成的铸型中，以获得铸件的方法。由于金属型可以重复使用几百次至几万次，所以又称之为"永久型铸造"。

金属型的结构主要取决于铸件的形状、尺寸、合金种类及生产批量等。图 9-32 为铰链开合式金属型。

金属型一般用铸铁制成，有时也采用碳钢。铸件内腔可用金属型芯或砂芯来形成，其中金属型芯通常只用于浇注有色金属件。为使金属型芯能在铸件凝固后迅速从腔中抽出，金属型还常设有抽芯机构。对于有侧凹内腔，为使型芯得以取出，金属型芯可由几块组合而成。

金属型铸造的特点是：

（1）实现"一型多铸"，不仅节省工时、提高生产率，而且还可以节省造型材料。

（2）铸件尺寸精度高、表面质量好。铸件尺寸精度为 IT12～IT14，表面粗糙度 Ra 值为 6.3～12.5μm。

（3）铸件的力学性能高　由于金属型铸造冷却快,铸件的晶粒细密,提高了力学性能。

（4）劳动条件好　由于不用或少用型砂,大大减少了车间内的硅尘含量,从而改善了劳动条件。

（5）制造金属的成本高,周期长,铸造工艺规格要求严格。

（6）由于金属型导热快,退让性差,故易产生冷隔、裂纹等缺陷。而生产铸铁件又难以避免出现白口组织。

因此,金属型铸造主要用于大批量生产形状不太复杂、壁厚较均匀的有色合金的中、小件,有时也生产某些铸铁和铸钢件,如铝活塞、气缸体等。

图 9-31　铰链开合式金属型

3.压力铸造

压力铸造简称压铸,它是指在高压的作用下,将液态或半液态合金快速地压入金属铸型中,并在压力下结晶凝固而获得铸件的方法。

压铸机是完成压铸过程的主要设备。根据压室的工作条件不同,它可分热压室压铸机和冷压室压铸机两大类。图 9-33 是常用的卧式冷压室压铸机工作原理图。

图 9-33　卧式冷压室压铸机工作原理图

压力铸造的特点是:

（1）铸件的精度及表面质量均较其他铸造方法高　尺寸精度可达 IT11～IT13,表面粗糙度值为 Ra1.6～6.3μm。因此,压铸件不经机械加工或少许加工即可使用。

（2）可压铸出形状复杂的薄壁件或镶嵌件 如可铸出极薄件（铝合金的最小壁厚可达0.05mm）或直接铸出小孔、螺纹等，这是由于压铸型精密，在高压下浇注，极大地提高了合金充型能力所致。

（3）铸件的强度和硬度均较高 因为铸件的冷却速度快，又在高压作用下结晶凝固，其组织致密、晶粒细，如抗拉强度可比砂型铸造提高25%～30%。

（4）生产率高 由于压铸的充型速度和冷却速度快，开型迅速，故其生产率比其他铸造方法均高。如我国生产的压铸机生产能力可达50～150次/h，最高可达500次/h。

（5）易产生气孔和缩松 由于压铸速度极高，型腔内气体很难及时排除，厚壁处的收缩也很难补缩，致使铸件内部常有气孔和缩松。因此，压铸件不宜进行较大余量的切削加工和进行热处理，以防孔洞外露和加热时铸件内气体膨胀而起泡。

（6）压铸合金种类受到限制 由于液流的高速、高温冲刷，压型的寿命很低，故压铸不适宜高熔点合金铸造。

（7）压铸设备投资大，生产准备周期长 压铸机造价高，投资大。压铸模结构复杂，制造成本高，生产准备周期长。

因此，压力铸造主要适应于大批量生产低熔点有色合金铸件，特别是形状复杂的薄壁小件，如精密小仪器、仪表、医疗器械等。

4. 离心铸造

离心铸造是将液体金属浇入旋转的铸型中，使液体金属在离心力作用下充填铸型和凝固成型的一种铸造方法。

根据铸型旋转轴在空间位置的不同，常用的有立式离心铸造机和卧式离心铸造机两种类型。

立式离心铸造机如图9-34所示。它的铸型是绕垂直轴旋转的，金属液在离心力作用下，沿圆周分布。由于重力的作用，使铸件的内表面呈抛物面，铸件壁上薄下厚。所以它主要用来生产高度小于直径的圆环类铸件，如轴套、齿圈等，有时也可用来浇注异形铸件。

卧式离心铸造机如图9-35所示。它的铸型是绕水平轴转动，金属液通过浇注槽导入铸型。采用卧式离心压铸机铸造中空铸件时，无论在长度方向或圆周方向均可获得均匀的壁厚，且对铸件长度没有特别的限制，故常用它来生产长度大于直径的套类和管类铸件，如各种铸铁下水管、发动机缸套等。这种方法在生产中应用最多。

由于离心铸造时，液体金属是在旋转情况下充填铸型并进行凝固的，因此离心铸造具有以下特点：

（1）铸件力学性能好 铸件在离心力的作用凝固，其组织致密，同时也改善了补缩条件，不易产生缩孔和缩松等缺陷。铸件中的非金属夹杂物和气体集中在内表面，便于去除。

（2）不需型芯和浇注系统 由于金属液在离心力作用下充填铸型，故对于带孔的圆柱形铸件，不需采用型芯和浇注系统即可铸出，工艺简便并可节省金属材料的消耗。

（3）金属液的充型能力好，也便于制造双层金属 离心力提高了金属液的充型能力，可适于流动性差的铸造合金或薄壁铸件。此外，利用这种方法还能制造出双层金属铸件，如轴瓦、钢套衬铜等。

（4）内孔的表面质量差，尺寸不准确。

（5）容易产生比重偏析　对于容易发生比重偏析的合金，如铅青铜等，不宜采用离心铸造，因为离心力将使铸件内、外层成分不均匀，性能不佳。

因此，离心铸造主要适应于生产中、小型管、筒类零件，如铸件管、铜套、内燃机缸套、钢套衬铜的双金属件等。

图 9-34　立式离心铸造机　图 9-35　卧式离心铸造机

9.2.5　拓展训练

（1）用铸造工艺图符号标注下列铸件在小批生产条件下的分型面，并指出造型方法。

a）轴承盖模样　　　　　b）轴承座模样

（2）指出车床上四种用铸造方法生产的零件。

项目十　常用量具

实训目的与要求

(1)了解常用量具的种类及在实际生产中的作用。

(2)掌握常用量具的使用技巧及读数方法。

(3)了解常用量具的保养方法。

量具的使用保养规则

量具的精度直接影响到检测的可靠性,因此在使用时必须做到以下几点:

(1)量具在使用前、后必须用棉纱擦拭干净。

(2)不能用精密量具测量毛坯或运动前的工件。

(3)测量时不能用力过猛过大,不能测量温度过高的物体。

(4)不能将量具与工具混放,不能拿量具当工具使用。

(5)不能用脏油清洗量具,不能给量具注脏油。

(6)量具用完后必须擦拭干净,涂油并放入专用的量具盒内。

任务一　钢直尺与卡钳

10.1.1　钢直尺

钢直尺是不可卷的钢质板状量尺,如图 10-1 所示。长度有 150mm、300mm、500mm、1000mm 等,一般尺面除有米制刻线外,有的还有英制刻线,可直接检测长度尺寸。测量准确度米制为 0.5mm,英制为 1/32″或 1/64″。钢直尺的使用如图 10-2 所示。

图 10-1　钢直尺

a) 量长度   b) 量螺距   c) 量宽度

d) 量内孔   e) 量深度   f) 划线

图 10 - 2 钢直尺的使用

10.1.2 卡钳

卡钳是一种间接量具,使用时须有钢直尺或其他刻线量具的配合。卡钳有内卡钳和外卡钳之分,如图 10 - 3 所示,前者测量外表面,后者测量内表面。卡钳的正确使用需要靠经验,过松、过紧或歪斜,均会对读数造成较大测量误差。卡钳的使用方法如图 10 - 4 所示,尺寸的确定如图 10 - 5 所示。可在精度要求不高的情况下使用。生产中,除较大尺寸外,一般不使用。

图 10 - 3 卡钳

a) 测量外径

b) 测量内径

图 10 - 4 卡钳的使用

图 10 - 5　卡钳尺寸的确定

任务二　游标卡尺

10.2.1　游标卡尺的作用

游标卡尺是带有测量量爪并用游标读数的量尺。测量精度较高,结构简单,使用方便,可以直接测出零件的内径、外径、宽度、长度和深度的尺寸值,是生产中应用最广的一种量具。

10.2.2　游标卡尺的分类

(1)按用途分:普通游标卡尺、深度尺、高度尺、带表游标卡尺等。
(2)按精度分:0.10mm、0.05mm、0.02mm。通常使用的游标卡尺是 0.02mm 的。
(3)按测量尺寸范围分:0～125mm、0～150mm、0～200mm、0～300mm、0～500mm 等。
使用时,应根据零件精度及尺寸大小进行选择。

10.2.3　普通游标卡尺

(1)普通游标卡尺的结构:由主尺和副尺(游标)组成,如图 10 - 6 所示。
(2)主尺上有固定的内、外卡爪和刻度。
(3)副尺上有活动的内、外卡爪和深度杆、止动螺钉和刻度。

图 10 - 6　普通游标卡尺

1—主尺;2—内卡爪;3—副尺;4—止动螺钉;5—深度尺;6—游标;7—外卡爪

10.2.4　刻线原理与测量方法

主尺上每小格为 1mm,当两卡爪重合时(主尺与游标的零线重合)时,游标上的 50 格正好等于主尺上的 49mm(如图 10 - 7 所示),游标上的每格长度为 49/50＝0.98mm,主尺与游标每格相差 0.02mm。

图 10 - 7　0.02mm 游标卡尺的刻线原理

以 1/50 游标卡尺为例的测量方法,如图 10 - 8 所示。

图 10 - 8　0.02mm 游标卡尺测量方法

10.2.5　使用方法和读数

（1）左手拿主尺，右手大拇指顶住游标下面突起点，将零件卡住后，使游标卡尺离开工件。

（2）读出游标零线以左的主尺上最大的整毫米数。

（3）在游标上读出从零线到与主尺刻度对齐的刻度之间的格数，并与 0.02mm 相乘得到小数。

（4）将主尺上读出的整数与游标上得到的小数相加，就得到测量的尺寸。

10.2.6　其他游标卡尺

（1）带表游标卡尺：副尺上没有刻度，带了一个百分表，长指针转动一圈为 2mm。读数更直观、更准确，如图 10-9 所示。

图 10-9　带表游标卡尺

（2）游标深度尺：用于测量深度，使用原理与普通游标卡尺一样，如图 10-10 所示。

图 10-10　游标深度尺　　　　　图 10-11　游标高度尺

(3)游标高度尺:用于测量高度,还可以用于精密画线,如图 10-11 所示。

10.2.7 使用游标卡尺的注意事项

(1)放正卡尺:测量外圆时,卡尺应垂直于工件轴线。

(2)用力适当:当卡爪与工件被测量面接触时,用力不能过大,否则会使卡尺变形,加速卡尺的磨损,使测量精度下降。

(3)准确读数:读数时,视线对准所读刻度线并垂直尺面,否则读数不准确。

(4)防止松动:未读出读数之前,游标卡尺离开工件表面,必须先将止动螺钉拧紧。

10.2.8 使用游标卡尺进行实测

(1)用游标卡尺测量阶梯轴各阶梯的外径及轴向长度。

(2)用游标卡尺测量轴套的内径。

任务三 千分尺

千分尺是微分套筒读数的示值为 0.01mm 的测量工具。其精度比游标卡尺高。

10.3.1 千分尺的作用

千分尺可以用来测量工件的外径、内径、长度和深度。

10.3.2 千分尺的分类

(1)按用途分:外径千分尺、内径千分尺、内测千分尺、深度千分尺。

(2)按测量尺寸范围分:0～25mm、25～50mm、50～75mm、75～100mm 等。

10.3.3 外径千分尺

1. 结构

外径千分尺由弓形架 7、砧座 1、螺杆 2、固定套筒 6、微分套筒 4、棘轮 5 等部分组成,如图 10-12 所示。

2. 刻线原理

固定套筒在轴线方向刻有一条中线(基准线),上下两排刻线互相错开 0.5mm,形成主尺。微分套筒左端圆周上均匀分面 50 条刻度线,形成副尺。微分套筒和螺杆连在一起,微分套筒转动一周将带动测量螺杆沿轴向移动 0.5mm。因此,微分套筒转过一格,测量螺杆轴向移动的距离为 0.5/50＝0.01mm。

图 10 - 12　外径千分尺

3. 读数方法

读数方法如图 10 - 13 所示。

12＋0.04＝12.04mm　　　32.5＋0.35＝32.85mm

图 10 - 13　千分尺读数方法

(1)读出距离微分套筒边缘最近的轴向刻度数(应为 0.5mm 的整数倍)。

(2)读出与轴向刻度中线重合的微分套筒周向刻度值(刻度格数×0.01mm)。

(3)将两部分读数相加即为测量尺寸。

4. 千分尺的使用注意事项

(1)测量:左手握住弓形架,用右手旋转微分套筒,当测量螺杆快接近工件时,必须使用右端棘轮(此时严禁使用微分套筒,以防用力过度而测量不准确或损坏千分尺)用较慢的速度与工件接触。当棘轮发出"嘎嘎"的打滑声时,表示压力合适,应停止转动。

(2)被测量尺寸的方向必须与螺杆方向一致。

10.3.4　其他千分尺

1. 内径千分尺(50～75mm)

未接长度可测量 63mm,接长后才能测量到 75mm。

(1)用途:主要用于各种内孔尺寸的测量。

(2)结构:固定套筒 1、微分套筒 2、接杆 6、测量螺杆 5、制住螺丝 4 等,如图 10 - 14 所示。

图 10 - 14　内径千分尺

2. 内测千分尺(5～30mm)

作用和结构与内径千分尺雷同,如图 10-15 所示。

图 10-15　内测千分尺

3. 深度千分尺

用于测量精密工件的孔深、台阶等尺寸,如图 10-16 所示。

图 10-16　深度千分尺

任务四　百分表

10.4.1　百分表的作用

百分表是一种精度较高的比较量具,它只能测出相对数值,不能测出绝对数值。主要用来检查工件的形状和位置误差(如圆度、平面度、垂直度、跳动等),也常用于工件的精密找正。

10.4.2　百分表的分类

百分表有普通百分表、内径百分表、杠杆百分表、千分表。

10.4.3　普通百分表

普通百分表如图 10 - 17(a)所示。

图 10 - 17　普通百分表及工作原理

1. 结构
由大指针、小指针、表壳、表盘、测量杆和测量头组成。
2. 工作原理
当测量杆 1 向上或向下移动 1mm 时,通过齿轮传动系统(如图 10.17(b)所示)带动大指针转一圈,小指针 7 转一格。刻度盘在圆周上有 100 等分的刻度线,其每格读数值为 1/100＝0.01mm；小指针 7 每格读数值为 1mm。测量时大、小指针所示读数之和即为尺寸变化量。小指针处的刻度范围即为百分表的测量范围。刻度盘可以转动,供测量时调整大指针 5 对零位刻线用。

3．使用方法

(1)百分表使用时装在专用的百分表架上。

(2)使用前应检查测量杆的灵活性,具体做法是轻轻推测量杆,看其能否在套筒内灵活移动。每次松手后指针应回到原来的位置。

(3)百分表用完后应擦拭干净放入盒内,并使测量杆处于自由状态,防止表内弹簧过早失效。

10.4.4　内径百分表

1．作用

用于测量孔径及其形状精度,测量精度为 0.01mm。

2．结构

包括百分表 5、接管 4、可换插头 2、活动测头 1、测力装置 3 等,如图 10-18 所示。

3．测量范围

有 6～10mm、10～18mm、18～35mm、35～50mm、50～100mm、100～160mm 等。

4．使用方法,如图 10-19 所示。

(1)根据测量孔径的大小更换可换插头。

图 10-18　内径百分表

(2)测量时,百分表接管应与被测孔的轴向重合,以保证可换插头与孔壁垂直,最终保证测量精度。

a)校零　　　　　　　　b)检测

图 10-19　内径百分表的使用

10.4.5　千分表

千分表的测量精度为 0.001mm 比百分表精度高很多，其使用方法与百分表相似。

10.4.6　用百分表进行实测

(1)用百分表测量 V 形块的平面度。
(2)用百分表测量轴的圆度等。

任务五　塞规与卡规

10.5.1　定义

塞规与卡规是用于成批大量生产的一种专用量具，如图 10 - 20 所示，通称为量规。

图 10 - 20　量规

10.5.2　塞规与卡规的作用

(1)塞规是用来测量孔径或槽宽的，它的两端分别称为过规或不过规。过规的长度较长，直径等于工件的下限尺寸。检验工件时，当过规能进入孔或槽时，说明孔径或槽宽大于最小极限尺寸；当不过规不能过入孔时，说明孔径小于最大极限尺寸。当工件的尺寸使得过规进得去,而不过规进不去时,才说明工件的实际尺寸在公差范围之内,是合格的。否则,工件尺寸不合格。

(2)卡规是用来检验轴径或厚度的。和塞规相似,也有过规和不过规两端,使用的方法亦和塞规相同。与塞规不同的是:卡规的过规尺等于工件的最小极限尺寸,而不过规的尺寸等于工件的最大极限尺寸。

(3)量规只能检验工件合格与否,不能测出工件的具体尺寸。量规在使用时省去了读数的麻烦,操作极为方便。

10.5.3　用量规进行实际检测

用量规检查轴套的内孔。

任务六　直角尺、塞尺与刀形样板平尺

10.6.1　直角尺

直角尺图 10-21 的两边成准确的 $90°$,用来检查工件的垂直度。当直角尺的一边与工件一面贴紧,工件的另一面与直角尺的另一边之间露出缝隙,用塞尺即可量出垂直度的误差值。

10.6.2　塞尺(厚薄尺)

塞尺图 10-22 用来检查两贴和面之间的缝隙大小。它由一组薄钢片组成,其厚度为 $0.03 \sim 0.3$mm。测量时用厚薄尺直接塞进间隙,当一片或数片能塞进两贴合面之间,则一片或数片的厚度(可由每片上的标记读出),即为两贴合面的间隙值。

图 10-21　直角尺

图 10-22　塞尺

使用塞尺必须先擦净尺面和工件,测量时不能使劲硬塞,以免尺片弯曲和折断。

10.6.3 刀形样板平尺(刀口尺)

刀形样板平尺如图 10-23 所示用于采用光隙法和痕迹法检验平面的几何形状误差(即直线度和平面度),间隙大时可用厚薄尺测量出间隙值。此尺亦可用比较法作高准确度的长度测量。

图 10-23　刀口尺

任务七　游标万能角度尺

10.7.1 游标万能角度尺的定义

游标万能角度尺是用来测量零件的角度。万能角度尺采用游标读数,可测任意角度,如图 10-24 所示。扇形板带动游标可沿主尺移动,角尺用卡块紧固在扇形板上,可移动的直尺又用卡块固定在角尺上,基尺与主尺连成一体。

10.7.2 组成

游标万能角度尺由直尺、角尺、基尺、主尺、游标、扇形板、制动器、卡块等部分组成,如图 10-24 所示。

图 10-24　万能角度尺

图 10 - 25 万能角度尺的刻线原理

10.7.3 刻线原理

万能角度尺的读数机构是根据游标卡尺原理制成的。如图 10 - 25 所示。主尺刻线每格为 1°。游标的刻线是取主尺的 29° 等分为 30 格。因此,游标刻线每格为 29°/30,即主尺 1 格与游标 1 格的差值为 $1° - 29°/30 = 1°/30 = 2'$,也就是万能角度尺读数准确度为 2'。它的读数方法与游标卡尺完全相同。

10.7.4 使用方法

(1)测量时应先校对零位,万能角度尺的零位,是当角尺与直尺均装上,且角尺的底边及基尺均与直尺无间隙接触,此时主尺与游标的"0"线对准。

(2)调整好零位后,通过改变基尺、角尺、直尺的相互位置可测量 0°~320° 范围内的任意角度。

(3)用万能角度尺测量工件时,应根据所测角度范围组合量尺,如图 10 - 26 所示。

图 10 - 26 万能角度尺的测量方法

10.7.5 用万能角度尺进行实测

用角度尺测量工件的角度。

项目十一 特种加工的产生与发展

实训目的与要求

(1)了解特种加工的概念、分类及其特点。

(2)了解 DK774050 快中走丝线切割机的结构。

(3)了解常用特种加工方法(电火花线切割加工)的工作原理、特点及其应用。

安全操作规程

(1)电火花加工机床尽管自动化程度较高,但其电源并非无人操作类机床电源,故加工时不要擅自离开机床。

(2)切勿将非导电物体,包括锈蚀的工件或电极,装上机床进行加工,否则会损坏电源。

(3)放电加工时有火花产生,需注意防火措施。进行电火花成型加工时,应开启液温、液面、火花监视器。

(4)线切割加工时进给速度不要太快(即单位时间切割向积不要太大),否则既影响加工质量,又易引起断丝。

(5)加工中不要用手或其他物体去触模工件或电极。

(6)尽管电加工机床具有较好的绝缘性能,但应注意某些元器件或零部件腐蚀后,可能会引起漏电事故。

(6)机床使用后必须清理擦拭产净,以免造成机床零部件的腐蚀。

任务一 电火花线切割机床基本操作

特种加工简述

传统的切削加一般应具备两个基本条件:一是刀具材料的硬度必须大于工件材料的硬度;二是刀具和工件都必须具有一定的刚度和强度以承受切削过程中不可避免的切削力。这就给切削加工带来了两个局限:一是不能加工硬度接近或超过刀具硬度的工件材料;二是不能加工带有细微结构的零件。然而,随着工业生产和科学技术的发展,具有高硬度、高强度、高熔点、高脆性、高韧性等性能的新材料不断出现。具有各种细微结构与特殊工艺要求的零件也越来越多,用传统的切削加工的方法很难对它们进行加工。特种加工就是在这种形势下应运而生的。

电火花线切割加工是较常用的特种加工方法之一,在特种加工中它属于电火花加工一类。电火花加工又称放电加工,它是在一定介质中,通过工具和工件之间不断产生的脉冲放电在局部瞬间产生的高温把金属蚀除下来的加工方法,因在放电过程中可见到火花,故称为电火花加工。

11.1.1　任务书

(1)了解电火花线切割机床加工的基本原理。
(2)熟悉电火花线切割机床加工的特点。
(3)了解电火花线切割机床加工的适用范围。
(4)了解电火花线切割机床部件的名称及作用。
(5)电火花线切割绘图编程简介。

11.1.2　知识点和技能点

知识点:
(1)安全生产知识与线切割机床保养知识。
(2)线切割机床的结构及应用。
(3)线切割机床加工原理。
(4)线切割机床加工特点和加工范围。
技能点
(1)装丝、上丝、机床的开启。
(2)进给量及电流,电压的调整。
(3)工件的装夹与对刀。

11.1.3　任务说明

线切割机床的维护与保养知识:机床的精度及其工作状态是否处于完好,直接影响加工质量,使用中要特别注意维护与保养,主要做到以下几点:
(1)开车前要检查各手柄是否处于正确位置,各部分机构是否完好。
(2)工作前擦净床身导轨,润滑部分加油润滑,保证工作时润滑良好。
(3)工作完毕后应仔细清理机床,关闭电源,清除切屑。

11.1.4　任务实施

DK774050电火花线切割机床主要部件的名称及作用。

图 11-1 所示的机床为一种快走丝电火花数控线切割机床,是目前国内最广泛使用的一种线切割机床。下面以此种机床为例,来说明线切割机床的组成。

脉冲电源及微机控制柜　走丝溜板　储丝筒　丝架　上工作台　下工作台　床身

图 11-1　快走丝电火花数控线切割机床

如图 11-1 所示的机床为一种快走丝电火花数控线切割机床,是目前国内最广泛使用的一种线切割机床。

1. 线切割机床的组成

(1)机床本体

机床本体由床身、运丝机构、工作台及丝架等组成。

① 床身　床身通常为铸铁件是机床的支撑体,上面装有工作台、丝架、运丝机构,其结构为箱式结构,内部装有机床电器及工作液循环系统。

② 运丝机构电动机通过联轴器带动储丝筒交替作正、反向转动,钼丝整齐地排列在储丝筒上,并通过丝架导轮作往复高速移动(线速度为 8m/s～10m/s)。

③ 工作台　工作台用来装夹工件,分上下两层,分别与 X、Y 向丝杠相连,由两个步进电机分别驱动。步进电机每接收到计算机发出的一个脉冲信号,其输出轴就旋转一个步距角,再通过一对变速齿轮带动丝杠转动,从而使工作台在相应的方向上移动 0.001mm。

④ 丝架丝架的作用主要是在电极丝按给定线速度运动时,对电极丝起支撑作用,并使电极丝工作部分与工作台平面保持一定的几何角度。

(2)脉冲电源

脉冲电源又称高频电源,其作用是把普通的 50Hz 交流电转换成高频率的单向脉冲电压。加工时,电极丝接脉冲电源负极,工件接正极。

（3）微机控制装置

微机控制装置的作用主要是轨迹控制和加工控制。电火花线切割机床的轨迹控制系统曾经历过靠模仿形控制、光电仿形控制，现已普遍采用数字程序控制，并已发展到计算机直接控制阶段。加工控制包括进给控制、短路回退、间隙补偿、图形缩放、旋转和平移、适应控制、自动找中心、信息显示、自诊断功能等。其控制精度为±0.001mm，加工精度为±0.01mm。

（4）工作液循环系统

工作液循环系统由工作液、工作液箱、工作液泵和循环导管组成。工作液起绝缘、排屑和冷却的作用。每次脉冲放电后，工件与电极丝（钼丝）之间必须迅速恢复绝缘状态，否则脉冲放电就会转变成稳定持续的电弧放电，影响加工质量。在加工过程中，工作液可把加工过程中产生的金属颗粒迅速从电极之间冲走，使加工顺利进行，工作液还可冷却受热的电极丝和工件，防止工件变形。

2. 电火花线切割加工

电火花线切割加工（Wire Cut Electrical Discharge Machining，简称 WEDM）是用线状电极（钼丝或铜丝）靠火花放电对工件进行切割，故称为电火花线切割，有时简称线切割。电火花线切割是电火花加工的一种，根据走丝速度可分为快走丝和慢走丝两种。快走丝又称高速走丝，一般走丝速度是 8m/s～10m/s，这是我国生产和使用的主要机种，也是我国独创的电火花线切割加工模式；慢走丝又称为低速走丝，一般走丝速度是 10m/min～14m/min，这是国外生产和使用的主要机种，我国也已生产和逐步更多地采用慢走丝机床。

3. 电火花线切割加工的基本原理

电火花加工是利用电能和热能进行加工的方法，国外称为放电加工。电火花线切割加工的基本原理如图 11-2 所示。被切割的工件接脉冲电源的正极，电极丝接脉冲电源的负极，当来一个电脉冲时，在电极丝和工件之间可能产生一次火花放电，在放电通道中心温度瞬时可高达 10000℃～12000℃，高温使工件局部金属熔化，甚至有少量气化，高温也使电极丝和工件之间的工作液部分产生气化，这些气化后的工作液和金属蒸气瞬间迅速热膨胀，并具有爆炸的特性。靠这种热膨胀和局部微爆炸，抛出熔化和气化了的金属材料而实现对工件材料进行电蚀切割加工。

图 11-2 电火花线切割加工原理图

1—贮丝筒；2—工作台驱动电动机；3—导轮；4—线状电极；5—工件；6—脉冲电源

5. 电火花线切割加工的特点

(1)不需制造成形电极,用简单的电极丝即可对工件进行加工。

(2)由于电极丝比较细,可以加工微细异形孔、窄缝和复杂形状的工件。

(3)能加工各种冲模、凸轮、样板等外形复杂的精密零件。

(4)由于切缝很窄,切割时只对工件材料进行"套料"加工,故余料还可以利用。

(5)自动化程度高,操作方便,劳动强度低。

(6)与一般切削加工相比,电火花线切割加工的金属去除率低,因此加工成本高,不适合形状简单的大批量零件的加工。

(7)电火花线切割不能加工非导电材料。

6. 电火花线切割加工的适用范围

(1)模具加工

适用于加工各种形状的冲模。调整不同的间隙补偿量,只需一次编程就可以切割凸模、凸模固定板、凹模及卸料板等。

(2)加工特殊材料

对于某些高硬度、高熔点的金属材料,用传统的切割加工方法几乎是不可能的,采用电火花线切割加工既经济,质量又好。

(3)加工形状复杂的工件

对于加工窄缝、曲率半径小的过渡圆角、形状复杂的零件,利用电火花线切割加工非常方便。

参考文献

［1］同济大学金属工艺学教研室．北京：高等教育出版社，金属工艺学实习教材，1991

［2］孙以安，陈茂贞．金工实习教学指导．上海：上海大学出版社，1998

［3］邓文英．金属工艺学（上、下册）．北京：高等教育出版社，1999

［4］盛善权．机械制造．北京：机械工业出版社，1999

［5］张学政，李家枢．金属工艺学实习教材．北京：高等教育出版社，2002

［6］赵玉奇．机械制造基础与实训．北京：机械工业出版社，2003

［7］王运炎，叶尚川．机械工程材料．北京：机械工业出版社，2003

［8］京玉海．机械制造基础．重庆：重庆大学出版社，2004

［9］张木清，于兆勤．机械制造工程训练教材．广州：华南理工大学出版社，2004

［10］于文强，张丽萍．金工实习教程．北京：清华大学出版社，2010

［11］邵刚．金工实训．北京：电子工业出版社，2010

［12］郝焕丽，杨彦伟，陈旻．金工实训．南京：南京大学出版社，2012